国家电网公司
生产技能人员职业能力培训通用教材
二次回路

国家电网公司人力资源部　组编

刘利华　主编

中国电力出版社
CHINA ELECTRIC POWER PRESS

内 容 提 要

《国家电网公司生产技能人员职业能力培训教材》是按照国家电网公司生产技能人员标准化培训课程体系的要求，依据《国家电网公司生产技能人员职业能力培训规范》（简称《培训规范》），结合生产实际编写而成。

本套教材作为《培训规范》的配套教材，共 72 册。本册为通用教材的《二次回路》，全书共十八章、53 个模块，主要内容包括二次回路基本知识，变电站操作电源回路，断路器控制回路，信号回路，互感器回路，6kV～35kV 开关柜的二次回路，220kV 组合电器（GIS）的二次回路，220kV 户外配电装置的二次回路，220kV 线路的二次回路，220kV 主变压器的二次回路，二次回路反事故措施，电压无功自动调节装置的二次回路，220kV 母线保护装置的二次回路，备用电源自投装置的二次回路，微机故障录波装置的二次回路，变电站二次回路接线正确性的检验，二次回路运行，二次回路产生干扰的原因及抗干扰措施等。

本书是供电企业生产技能人员的培训教学用书，也可以作为电力职业院校教学参考书。

图书在版编目（CIP）数据

二次回路/国家电网公司人力资源部组编. —北京：中国电力出版社，2010（2025.4重印）

国家电网公司生产技能人员职业能力培训通用教材

ISBN 978−7−5083−9646−0

Ⅰ. 二… Ⅱ. 国… Ⅲ. 二次系统−技术培训−教材
Ⅳ. TM645.2

中国版本图书馆 CIP 数据核字（2009）第 200635 号

中国电力出版社出版、发行

（北京市东城区北京站西街 19 号 100005 http://www.cepp.sgcc.com.cn）
三河市航远印刷有限公司印刷
各地新华书店经售

*

2010 年 5 月第一版 2025 年 4 月北京第二十九次印刷
710 毫米×980 毫米 16 开本 15.25 印张 280 千字
印数 66502—67501 册 定价 58.00 元

《国家电网公司生产技能人员职业能力培训通用教材》

编 委 会

主　　　任　　刘振亚

副　主　任　　郑宝森　　陈月明　　舒印彪　　曹志安　　栾　军

　　　　　　　李汝革　　潘晓军

成　　　员　　许世辉　　王风雷　　张启平　　王相勤　　孙吉昌

　　　　　　　王益民　　张智刚　　王颖杰

编写组组长　许世辉

副　组　长　　方国元　　张辉明　　陈修言

成　　　员　　刘利华　　汪源生　　严　波　　鞠宇平　　倪　春

　　　　　　　江振宇　　李群雄　　曹爱民　　吴　迪　　周　田

　　　　　　　刘　宇

国家电网公司
生产技能人员职业能力培训通用教材

前　言

为大力实施"人才强企"战略，加快培养高素质技能人才队伍，国家电网公司按照"集团化运作、集约化发展、精益化管理、标准化建设"的工作要求，充分发挥集团化优势，组织公司系统一大批优秀管理、技术、技能和培训教学专家，历时两年多，按照统一标准，开发了覆盖电网企业输电、变电、配电、营销、调度等34个职业种类的生产技能人员系列培训教材，形成了国内首套面向供电企业一线生产人员的模块化培训教材体系。

本套培训教材以《国家电网公司生产技能人员职业能力培训规范》（Q/GDW 232—2008）为依据，在编写原则上，突出以岗位能力为核心；在内容定位上，遵循"知识够用、为技能服务"的原则，突出针对性和实用性，并涵盖了电力行业最新的政策、标准、规程、规定及新设备、新技术、新知识、新工艺；在写作方式上，做到深入浅出，避免烦琐的理论推导和论证；在编写模式上，采用模块化结构，便于灵活施教。

本套培训教材包括通用教材和专用教材两类，共72个分册、5018个模块，每个培训模块均配有详细的模块描述，对该模块的培训目标、内容、方式及考核要求进行了说明。其中：通用教材涵盖了供电企业多个职业种类共同使用的基础知识、基本技能及职业素养等内容，包括《电工基础》、《电力生产安全及防护》等38个分册、1705个模块，主要作为供电企业员工全面系统学习基础理论和基本技能的自学教材；专用教材涵盖了相应职业种类所有的专业知识和专业技能，按职业种类单独成册，包括《变电检修》、《继电保护》等34个分册、3313个模块，根据培训规范职业能力要求，Ⅰ、Ⅱ、Ⅲ三个级别的模块分别作为供电企业生产一线辅助作业人员、熟练作业人员和高级作业人员的岗位技能培训教材。

本套培训教材的出版是贯彻落实国家人才队伍建设总体战略，充分发挥企业培养高技能人才主体作用的重要举措，是加快推进国家电网公司发展方式和电网发展方式转变的具体实践，也是有效开展电网企业教育培训和人才培养工作的重要基础，必将对改进生产技能人员培训模式，推进培训工作由理论灌输向能力培养转型，提高培训的针对性和有效性，全面提升员工队伍素质，保证电网安全稳定运行、支撑和促进国家电网公司可持续发展起到积极的推动作用。

本册为通用教材部分的《二次回路》，由安徽省电力公司具体组织编写。

全书第一、三、五、九、十三、十六章由安徽省电力公司刘利华编写；第六、七、八、十二、十五、十七章由安徽省电力公司汪源生编写；第二、四、十、十一、十四、十八章由安徽省电力公司严波编写。全书由刘利华担任主编。河南省电力公司李洪涛（新乡）担任主审，河南省电力公司黄国彬、张玉峰参审。

由于编写时间仓促，难免存在疏漏之处，恳请各位专家和读者提出宝贵意见，使之不断完善。

国家电网公司
生产技能人员职业能力培训通用教材

目　录

第一章　二次回路基本知识

模块 1　二次回路内容（TYBZ01701001）

【**模块描述**】本模块介绍变电站电气二次设备和电气二次回路的基本作用以及电气二次回路所包含的主要组成部分。通过要点归纳、图形举例，熟悉二次回路的基本概念。

【**正文**】

为确保一次系统安全稳定、经济运行和操作管理的需要而配置的辅助电气设备，如各类测控装置、继电保护装置、安全自动装置、故障录波装置等统称为二次设备。所谓的二次回路即是把这些设备按一定功能要求连接起来所形成的电气回路，以实现对一次系统设备运行工况的监视、测量、控制、保护、调节等功能。

一、二次回路划分

通常二次回路按二次设备的用途可划分为用于实现不同功能的子回路，例如：

（1）继电保护回路及安全自动装置回路。用于自动、快速、有选择地切除故障设备，并尽快恢复系统的正常运行，保证电力系统的稳定。

（2）测量回路。用于对输电线路和电气设备运行中的电气参数量及电能耗用量进行测量。通常包括电流、电压、频率、功率、电能等测量。

（3）调节系统。用于实时调节某些主设备的工作参数，以保证主设备和电力系统的安全、经济、稳定运行。

（4）断路器控制回路。用于对变电站断路器分、合操作的手动控制和自动控制。

（5）隔离开关操作及闭锁回路。用于隔离开关操作的手动控制和自动控制。实现隔离开关和断路器之间防止带负荷拉合隔离开关的闭锁、隔离开关与接地开关之间防止带地线合闸的闭锁等。

（6）信号回路。用于指示一次设备的运行状态，为运行人员提供操作、调节和处理故障的可靠依据。

（7）同期回路。在需要经常解列、并列的变电站，用于电力系统的并列。目前需要经常进行解列、并列的变电站越来越少。

（8）直流电源回路。用于对上述二次系统以及事故照明装置进行供电。

上述回路要实现各自的功能，一般都需要接入提供一次设备运行状态的信息源和保证二次设备工作的控制电源或操作电源等。因此按供电电源的性质，二次回路可简单划分为交流回路和直流回路两大部分。

交流回路是由电流互感器和电压互感器供电的全部回路，其作用是为二次设备采集相关一次设备的运行参数量（电流、电压等交流信号），以实现对一次系统设备运行工况的监视、测量、控制、保护、调节等功能。

直流回路指的是直流电源正极到负极之间连接的全部回路，主要作用是：

（1）对断路器及隔离开关等设备的操作进行控制。隔离开关操作回路多采用交流 380V 供电，也有采用直流供电的方式。

（2）指示一、二次设备运行状态、异常及故障情况。

（3）提供二次装置工作的电源，一般为±220V（或±110V）。

另外，纵联保护的信号传输回路通常也可视作二次回路的一部分。

二、装置内部与外部的二次回路连接

随着以微机为核心，控制、测量、信号、保护、远动和管理功能集成、信息共享的综合自动化系统在变配电站的广泛应用，二次回路间的分界已日趋模糊，范围也更加宽泛，彻底改变了常规二次系统功能独立、设备庞杂、接线复杂的局面，图 TYBZ01701001-1 为分层分布式集中组屏的综合自动化系统。但就某一个二次装置而言，内部与外部的二次回路连接，目前仍然包含以下所述几个分回路的部分或全部。

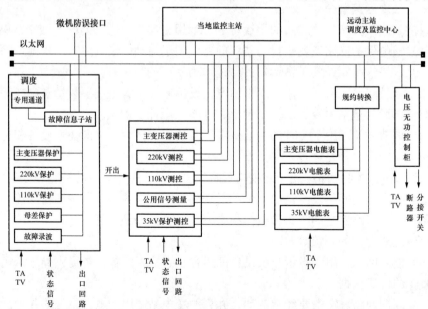

图 TYBZ01701001-1　分层分布式集中组屏的综合自动化系统

（1）模拟量输入回路。模拟量输入回路又分为为装置提供工作电源的直流电源回路以及为装置提供测量元件所需的被测控设备的交流电流和交流电压信号（或直流信号）的回路。图 TYBZ01701001-2 为目前微机型保护装置的典型交流模拟量输入回路，包含了四路电流量输入和四路电压量输入。图中，设 TV1 为母线电压互感器，TV2 为单相式线路电压互感器，TA 为电流互感器。

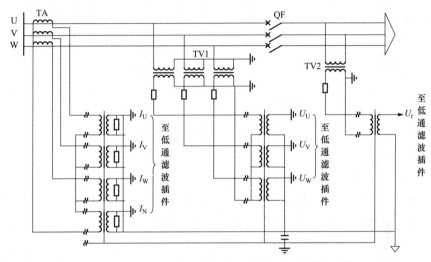

图 TYBZ01701001-2　微机型保护装置的典型交流模拟量输入回路

（2）外部开关量输入回路。外部开关量输入回路提供装置逻辑回路用外部开关量辅助判别信号等，包括本屏或相邻屏上其他装置引入的弱电开入量信号以及从较远处电气一次设备引入的强电开入量信号。图 TYBZ01701001-3 为微机型装置常用光电耦合式开入回路。

（3）开关量输出回路。开关量输出回路提供各继电器引出的空触点，至相应的电气设备二次回路。图 TYBZ01701001-4 为微机型装置常用继电器触点输出回路。

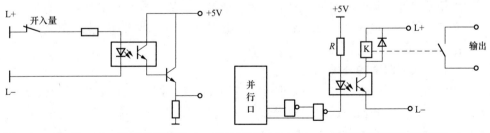

图 TYBZ01701001-3　微机型装置常　　图 TYBZ01701001-4　微机型装置常用继电器
　　用光电耦合式开入回路　　　　　　　　触点输出回路

（4）纵联保护信号传输回路。纵联保护信号传输回路包括高频信号传输回路、光信号传输回路等。图 TYBZ01701001–5 为光信号传输回路，其中，图 TYBZ01701001–5（a）为专用光纤方式连接，图 TYBZ01701001–5（b）为数字复接方式连接。

图 TYBZ01701001–5　光信号传输回路

（a）专用光纤方式连接；　（b）数字复接方式连接（单侧）

【思考与练习】

1. 什么是二次回路？它的主要功能有哪些？

2. 在三相交流电系统中，二次回路的交流电源取自何处？其主要作用是什么？

3. 数字式测控装置与外部回路的连接主要包括哪几部分子回路？

模块 2　二次回路图的分类及二次回路的编号原则
（TYBZ01701002）

【模块描述】本模块介绍二次接线图中各电气元件的表示方式、二次回路编号的基本原则以及二次接线图的分类。通过知识要点归纳、辅以图例讲解，掌握识绘电气回路图的工程语言和基本"词汇"，为识绘电气二次回路图打下基础。

【正文】

为便于设计、制造、安装、调试及运行维护，通常在图纸上使用元件的图形符号及文字符号按一定规则连接起来对二次回路进行描述。这类图纸我们称之为二次回路图。

一、二次回路图的分类

按作用，二次回路图可分为原理接线图和安装接线图。原理接线图按其表现的形式又可分为归总式原理接线图与展开式原理接线图。安装接线图又分为屏面布置图和屏背面接线图。屏背面接线图一般又分为屏内设备连接图和端子排接线图。

随着二次设备的数字化以及继电器的小型化，二次装置多为插件式结构，因此衍生出每块插件的分板接线图或者进一步简化为分板的触点联系图。

1. 归总式原理接线图

归总式原理图是以设备（元件）为中心，把相互连接的电流回路、电压回路、直流回路等综合在一起绘制的电气图。在分立元件时代，是设计、制造单位表现其装置的总体配置和完整功能的常用形式，图 TYBZ01701002-1 反映了电磁型 10kV 线路定时限过电流保护的组成元件、原理接线和动作行为。数字化的二次设备，已基本不采用归总式原理图。

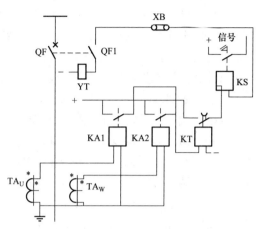

图 TYBZ01701002-1　电磁型 10kV 线路定时限过电流保护归总式原理简图

2. 展开式原理接线图

展开式原理图（简称展开图）是以回路为中心，把归总式原理图分拆成交流电流回路、交流电压回路、直流控制回路、信号回路等独立回路展开表示，则每一个设备（元件）的不同组成部分按照逻辑关系分拆并展开画在不同的回路中。展开式原理图的接线清晰，易于阅读，便于掌握整套继电保护及二次回路的动作过程以及工作原理等，被广泛使用于变电站中。

3. 屏面布置图

屏面布置图是加工制造屏柜和安装屏柜上设备的依据，因此应按一定比例绘制屏上设备（元件）的安装位置及设备（元件）间距离，并标注外形及中心线的尺寸。

屏面布置图是正视图，便于从屏的正前方了解和熟悉屏上设备（元件）的配置情况和排列顺序。屏上设备（元件）均按一定规律给予编号，并标出文字符号。文字符号与展开式原理图上的符号保持一致性和唯一性，以便于相互查阅和对照。屏上设备（元件）的排列、布置，系根据运行操作的合理性以及维护运行和施工的方便性而定。在屏面图旁边所列的屏上设备表中，应注明每个设备（元件）的顺序编号、符号、名称、型号、技术参数、数量等。如果有某个设备（元件）装在屏后，应在设备表的备注栏内注明。

4. 屏背面接线图

屏背面接线图以屏面布置图为基础，以原理展开图为依据绘制而成，是工作人员在屏背后工作时使用的背视图，所以设备的排列与屏面布置图是相对应的，左右方向正好与屏面布置图相反。为了配线方便，在安装接线图中对各元件和端子排都采用相对编号法进行编号，用以说明这些元件间的相互连接关系。

屏背面接线图又可分拆为屏内设备接线图和端子排安装接线图，前者主要作用

模块 2　　TYBZ01701002

是表明屏内各设备（元件）引出端子之间在屏背面的的连接情况，以及屏上设备（元件）与端子排的连接情况；后者专门用来表示屏内设备与屏外设备的连接情况。端子排的内侧标注与屏内设备的连线；端子排外侧标注与屏外设备的连线，屏外连接主要是电缆，要标注清楚各条电缆的编号、去向、电缆型号、芯数和截面等，且每一回路都要按等电位的原则分别予以回路标号。

5. 分板接线图

分板接线图是把每块插件的展开原理接线图、插件引脚与接线端子号混合在一起的一种画法。分板接线图上直接画出了原理接线、标出了引脚号、端子排上端子号等，读图和查线极为方便。图 TYBZ01701002–2 为一个分板接线图图例。其中，41D 为屏后端子排编号；AA 和 AB 为插件引脚编号。

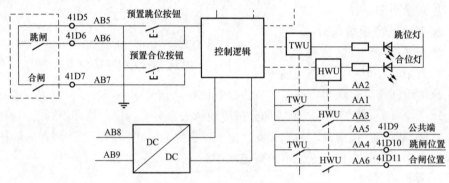

图 TYBZ01701002–2 分板接线图图例

二、二次回路的图形符号、文字符号

二次回路接线图中的各设备、元件或功能单元等项目及其连接等必须用图形符号、文字符号、回路标号进行说明。其图形符号和文字符号用以表示和区别二次回路中的各个项目，其回路标号用以区别项目之间互相连接的各个回路。

1. 图形符号

图形符号用来直观地表示二次回路图中任何一个设备、元件、功能单元等项目。目前国内规定使用的 GB / T 4728—2000《电气简图用图形符号》，其符号形式、内容、数量等与 IEC 标准完全相同。

2. 文字符号

文字符号作为限定符号与一般图形符号组合使用，可以更详细地区分不同设备（元件）以及同类设备（元件）中不同功能的设备（元件）或功能单元等项目。早期的国家标准规定文字符号及回路标号采用汉语拼音字母，按照目前国家标准 GB 5094—1985《电气技术中的项目代号》和 GB 7159—1987《电气技术中的文字符号制订通则》规定的原则，编制常用电气设备（元件）等代号的一般规律是，同一设备（元件）的不同组成部分必须采用相同的文字符号。文字符号按有关电气名词的英文术语缩写而成，采用该单词的第一位字母构成文字符号，一般不超过三位字母。如果在同一展开图中同样的设备（元件）不止一个，则必须对该设备（元件）以文字符号加数字编序。同一电气单元、同一电气回路中的同一种设备（元件）的编序，用平身的阿拉伯数字表示，放在设备（元件）文字符号的后面；不同电气单元、不同电气回路中的同一种设备（元件）的编序，用平身的阿拉伯数字表示，放在设备（元件）文字符号的前面。如果继电器有多副触点，还要标明它们的触点序号，继电器序号在前，触点序号在后，中间可用"–"符号连接。

三、二次回路的编号原则

展开图中一些数字或数字与文字的组合，称之为回路标号。回路标号按"等电位"原则，即在回路中连于一点的所有导线（包括接触连接的可拆卸线段），须标以相同的标号。回路标号以一定的规则反映了回路的种类和特征，使工作人员能够对该回路的用途和性质一目了然，方便于在进行二次回路缺陷查找和故障分析。

1. 传统回路标号的一般规则

（1）同一回路中由电气设备（元件）的线圈、触点、电阻、电容等所间隔的线段，都视为不同的线段（在接点断开时，接点两端已不是等电位），应给予不同的回路标号。

（2）回路标号一般由 3 位及以下数字组成，根据回路的不同的种类和特征进行分组，每组规定了编号数字的范围，交流回路为标明导线相别，在数字前面还加上A、B、C、N、L 等文字符号。对于一些比较重要的回路都给予了固定的编号，例如直流正、负电源回路，跳、合闸回路等。

（3）直流回路标号方法为：以奇数表示正极例如 101，偶数表示负极例如 102。先从正电源出发，以奇数顺序编号，直到最后一个有压降的元件为止。如果最后一个有压降的元件的后面不是直接连在负极上，而是通过连接片、开关或继电器触点接在负极上，则下一步应从负极开始以偶数顺序编号至上述已有编号的结点为止。

（4）小母线编号作为重要的二次设备，在展开图中用粗线条表示，并注以文字符号。对于控制和信号回路中的一些辅助小母线和交流电压小母线，除文字符号外，还给予固定的回路标号，以进一步区分。

2. 推荐的二次回路的标号

根据 IEC 标准的规定，导线的文字标号不一定要有，也不一定要统一标号。常用二次回路导线的 IEC 标记见表 TYBZ01701002–1。

表 TYBZ01701002–1   导线的 IEC 标记

序　号	导　线　名　称	IEC 标记
1	交流电源系统 1 相	L1
2	交流电源系统 2 相	L2
3	交流电源系统 3 相	L3
4	交流电源系统中线	N
5	直流电源系统正极	L+或+
6	直流电源系统负极	L–或–
7	直流电源系统中间线	M
8	接地线	E

目前国内设计图纸对回路标号趋向于简化。在西北电力设计院编的《电气工程设计手册》中，提出了简化二次回路的标号的两种方法，一种是对文字代号基本上不作规定，可以不要，也可以任意编写；另一种是要文字代号，尽可能与传统的标号办法保持一致。

以下摘选了《电气工程设计手册》提供的部分二次回路标号，以供参考。

（1）回路标号的构成。回路标号由"约定标号+序数字"构成。其中约定标识见表 TYBZ01701002–2。

表 TYBZ01701002–2   导线的约定标识表

序　号	回路（导线）名称	约 定 标 号
1	保护用直流	0
2	直流分路控制回路	1～4
3	信号回路	7
4	断路器遥信回路	80
5	断路器机构回路	87
6	隔离开关闭锁回路	88
7	其他回路	9
8	交流回路	A、B、C、N（L、Sc）
9	交流电压回路	A_6、A_7、…
10	交流电流回路（测量及保护）	A_1、A_2、…
11	交流母差电流回路	A_3、…

序数字只要起到区别作用即可。如果要约定，建议只约定下面四种：

1）正极导线：序数号约定为01；

2）负极导线：序数号约定为02；

3）合闸导线：序数号约定为03；

4）跳闸导线：序数号约定为33。

约定的目的主要是引起工作人员重视，当01与03相碰时，会引起合闸；当01与33相碰时，会引起跳闸；当01与02相碰时，则会引起电源短路。

（2）直流回路的数字标号。直流回路的数字标号由表 TYBZ01701002-2 中相应的约定标号后缀序数字组成。直流回路的数字标号组见表 TYBZ01701002-3。

表 TYBZ01701002-3　　　　　直流回路的数字标号组

序号	回 路 名 称	数字标号组			
		一	二	三	四
1	正电源回路	101	201	301	401
2	负电源回路	102	202	302	402
3	合闸回路	103	203	303	403
4	跳闸回路	133、1133 1233	233、2133 2233	333、3133 3233	433、4133 4233
5	备用电源自动合闸回路	150～169	250～269	350～369	450～469
6	开关设备的位置信号回路	170～189	270～289	370～389	470～489
7	事故跳闸音响信号回路	190～199	290～299	390～399	490～499
8	保护回路	01～099 或 0101～0999			
9	信号及其他回路断路器遥信回路	701～799 或 7011～7999 801～899 或 8011～8999			
11	断路器合闸线圈或操动机构电动机回路	871～879 或 8711～8799			
12	隔离开关操作闭锁回路变压器零序保护共用电源回路	881～889 或 8811～8899 001、002、003			

在没有备用电源自动投入的安装单位接线图中，标号 150～169 可作为其他回路的标号。

当断路器或隔离开关为分相操动机构时，序号 3、4、11、12 等回路编号后应以 A、B、C 标志区别。

（3）交流回路的数字标号。交流回路的数字标号由表 TYBZ01701002-2 中相应的约定标号后缀序数字组成。交流回路数字标号组如表 TYBZ01701002-4 所示。

表 TYBZ01701002-4　　　　　　　交流回路数字标号组

回路名称	互感器的文字符号及电压等级	回路标号组				
		A（U）相	B（V）相	C（W）相	中性线	零序
保护装置及测量表计的电流回路	TA	A11～A19	B11～B19	C11～C19	N11～N19	L11～L19
	TA1-1	A111～A119	B111～B119	C111～C119	N111～N119	L111～L119
	TA1-2	A121～A129	B121～B129	C121～C129	N121～N129	L121～L129
	TA1-9	A191～A199	B191～B199	C191～C199	N191～N199	L191～L199
	TA2-1	A211～A219	B211～B219	C211～C219	N211～N219	L211～L219
	TA2-9	A291～A299	B291～B299	C291～C299	N291～N299	L291～L299
	TA11-1	A1111～A1119	B1111～B1119	C1111～C1119	N1111～N1119	L1111～L1119
	TA11-2	A1121～A1129	B1121～B1129	C1121～C1129	N1121～N1129	L1121～L1129
保护装置及测量表计的电压回路	TV1	A611～A619	B611～B619	C611～C619	N611～N619	L611～L619
	TV2	A621～A629	B621～B629	C621～C629	N621～N629	L621～L629
	TV3	A631～A639	B631～B639	C631～C639	N631～N639	L631～L639
在隔离开关辅助触点和隔离开关位置继电器触点后的电压回路	110kV	A（B、C、L、Sc）710～719，N600				
	220kV	A（B、C、N、L、Sc）720～729，N600				
	35kV	A（C、N）730～739，B600				
	6～10kV	A（C、N）760～769，B600				
	500kV	A（B、C、L、Sc）750～759，N600				
绝缘监察电表的公用回路		A700	B700	C700	N700	
母线差动保护公用的电流回路	110kV	A310	B310	C310	N310	
	220kV	A320	B320	C320	N320	
	35kV	A330	B330	C330	N330	
	6～10kV	A360	B360	C360	N360	
	500kV	A350	B350	C350	N350	

（4）小母线符号和回路标号。部分小母线的文字符号和新旧回路标号对照表见表 TYBZ01701002-5。

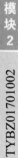

模块 2

TYBZ01701002

表 TYBZ01701002–5　　　　　部分小母线文字符号和新旧回路标号对照表

序号	小母线名称	原编号	新编号一	新编号二	
		文字符号		文字符号	回路标号
1	控制回路电源	+KM、–KM	L+、L–	+、–	
2	信号回路电源	+XM、–XM	L+、L–	+700、–700	7001、7002
3	合闸电源	+HM、–HM	L+、L–	+、–	
4	信号未复归	FM、PM		M703、M716	703、716
5	事故音响信号（不发遥信时）	SYM		M708	708
6	事故音响信号（发遥信时）	3SYM		M808	808
7	预告音响信号（瞬时）	1YBM、2YBM		M709、M710	
8	预告音响信号（延时）	3YBM、4YBM		M711、M712	
9	闪光信号	（+）SM		M100	100
10	隔离开关操作闭锁	GBM		M880	880
11	第一组母线电压	1YMa、1YMb、1YMc、1YML、YMN、	L1、L2、L3、N	L1–630、L2–630、L3–630、N–600	A630、B630、C630、L630、N600
12	第二组母线电压	2YMa、2YMb、2YMc、2YML、YMN、	L1、L2、L3、N	L1–640、L2–640、L3–640、N–600	A640、B640、C640、L640、N600
13	6～10kV 备用段电压	9YMa、9YMb、9YMc	L1、L2、L3	L1–690、L2–690、L3–690	A690、B690、C690

　　上述标号是结合 IEC 标准和我国电力系统传统习惯编制而成，目前并未在国内得到统一应用。

【思考与练习】

　　1. 二次接线图常见的形式有哪几种？各有什么特点？

　　2. 直流回路标号的方法有什么特点？

　　3. 请解释二次回路标号采用的基本原则。

模块 3　阅读二次回路图的基本方法（TYBZ01701003）

　　【模块描述】本模块介绍阅读二次回路图的基本方法。通过一个完整的图例的逐一讲解，熟悉一个电气单元中一、二次回路之间、交直流回路之间、原理图与安装图之间的相互关系，阅读图纸的顺序和步骤等识图方法和技巧。

【正文】

二次回路虽然具有连接导线多、工作电源种类多、二次设备动作程序多的性质，但逻辑性很强。若想熟练地阅读二次回路图，有必要了解相关一次设备的性质、结构以及二次设备的配置原则和动作原理等，特别应着重了解装置需要接入或送出的各类电气模拟量和开关量，它们的用途、性质、作用以及相互之间的连接关系等，然后需要掌握不同类型图纸的设计原则和绘图规律，学会按一定的逻辑顺序识图。

一、展开式原理图的识绘图

1. 二次回路图的一般绘图规则

（1）将有关电气设备全部用国标规定的图形符号和文字符号表示出来并按实际的连接顺序绘出其间的连接。

（2）图形符号是按非激励或不工作状态或位置、未受外力作用的状态绘制。

（3）多触点头控制开关触点的合、分动作状态有不同的表示法，表TYBZ01701003–1 是表格表示法，把控制开关手柄位置与触点的对应关系列表附在展开图上，以供读者对照。其中"–"表示断开，"×"表示接通。

表 TYBZ01701003–1　　　　控制开关触点表

手柄位置	触点号	1–2、5–6	3–4、7–8
0	↑	—	—
I	↖	×	—
II	↗	—	×

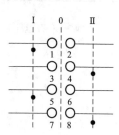

图 TYBZ01701003–1
控制开关触点图

图 TYBZ01701003–1 是用图形符号表示法画出的，在展开图的控制开关触点旁直接画出手柄操作位置线，操作位置线上的黑点表示这对触点接通，无黑点的表示不接通。其优点是直观性强，不需要查看触点表就可知道触点在该位置的通断情况，极方便于现场二次回路上的工作。

2. 展开式原理图的画法特点

展开式原理图是将属于同一个设备（元件）的不同组成部分采用相同的文字符号分别画在各独立回路中。同一回路中的各设备（元件）的基本件，按连接次序从左向右绘制，形成一行，不同的行按动作顺序从上而下垂直排列。逐个画出上述回路时，实际上就是把该回路中各项目的图形符号逐一展开，如图 TYBZ01701003–2 所示。

（1）各回路的排列顺序一般是交流电流、交流电压、直流控制再直流信号回路。

（2）在每个回路当中，交流回路按 U、V、W 相序排列；直流回路则是每一行中各基本件按实际连接顺序绘制，整个直流回路按各元件动作顺序由上而下逐行排列，这样展开的结果就形成了各独立电路，即从电源的"＋"极经各项目按通过电流的路径自左向右展开，一直到电源的"－"极。

（3）将各行的正电源和负电源分别连接起来，就形成了展开图。

（4）标出与该图形符号相对应的文字符号、对重点回路进行标号。

（5）在展开图右侧以文字说明框的形式标注每条支路的用途说明，以辅助读图。

（6）在图的恰当位置（左侧）画出被保护设备的一次接线示意图并表明与二次回路有关的电流互感器的位置。

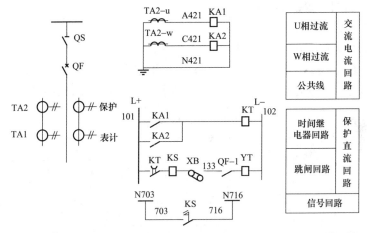

图 TYBZ01701003-2 10kV 定时限线路电流保护展开式原理简图

在微机型保护中，由于功能的软件化，上述定时限线路电流保护的二次回路更加简化，直流回路仅为跳闸和信号触点开出两部分。

3. 展开式原理图的阅图要领

展开式原理图的阅图要领可用一个通俗的口诀来归纳："先交流，后直流；交流看电源，直流找线圈；抓住触点不放松，一个一个全查清。"由于导线、端子都有统一的回路编号和标号便于分类查找，配合图右侧的文字说明，复杂的逻辑关系就显得清晰易懂了。在图 TYBZ01701003-2 所示的展开图中，10kV 定时限线路电流保护的交流电流回路清楚地表明电流继电器接在第二组电流互感器 TA2、接线方式为两相两继电器式接线；直流回路工作电源取自代号为 L± 的控制回路电源；信号电源则取自代号为 M703 和 M716 的信号小母线。读图时，结合说明框，很容易得知 KA1 为 U 相过流继电器、KA2 为 W 相过流继电器。根据定时限过电流保护动作原理，当流过任一只电流继电器电流超过整定值时，电流继电器 KA1（KA2）启动，装置的整个动作过程由上到下逐条回路按电流流过的途径应为：

（1）"+"→KA1（或 KA2）动合触点闭合→KT 线圈→"−"，时间继电器 KT 被启动；

（2）"+"→KT 延时闭合的动合触点闭合→KS 线圈→断路器动合辅助触点 QF−1→跳闸线圈 YT→"−"，断路器跳闸。

断路器跳闸后由其辅助触点 QF−1 打开，切断跳闸线圈中的电流，至此，过电流保护的动作过程完成，将线路从电网中切除。

信号继电器 KS 线圈得电后。其带掉牌自保持的动合触点闭合发出过电流保护动作信号。

二、屏背面接线图的识绘图

1. 端子排图的识图

（1）接线端子的用途。连接屏内与屏外的设备；连接同一屏上属于不同安装单位的电气设备；连接屏顶的小母线和自动空气开关等在屏后安装的设备。

（2）接线端子的类型。它由各种接线端子组成，如表 TYBZ01701003−2 所示。

表 TYBZ01701003−2   端子的种类及用途

序号	种　类	特 点 及 用 途
1	一般端子	适用于屏内、外导线或电缆的连接，即供同一回路的两端导线连接之用
2	连接端子	可通过绝缘座上的切口将上、下相邻端子相连，可供各种回路并头或分头
3	试验端子	一般用在交流电流回路，以便接入试验仪器时，不使 TA 开路
4	试验连接端子	既能提供试验，又可供并头或分头用的端子
5	保险端子	用于需要很方便地断开回路的场合，例如接入交流电压回路
6	光隔端子	端子上装有光隔元件，适用于开入回路
7	终端端子	用于固定或分隔不同安装单位的端子排

不同类型的接线端子外形各不相同，可通过外形辨别相关回路。

（3）端子排的排列原则。端子排根据屏内设备布置，按方便接线的原则，布置在屏的左侧或右侧。在同一侧端子排上，不同安装单位端子排的中间用终端端子隔离，每一安装单位的端子排一般按回路分类成组集中布置。按照原水利电力部的《四统一高压线路继电保护装置原理设计》的统一规定，端子排自上而下为交流电流回路、交流电压回路、控制回路、信号回路和其他回路等等，这样的排列基本上与屏上设备的排列顺序是相符的，减少接线的迂回曲折。

国家电网公司于 2007 年出台了《线路保护及辅助装置标准化设计规范》、《变压器保护及辅助装置标准化设计规范》，对不同生产厂家的保护屏（柜）规定了端子排设计原则是：

1）按照"功能分区，端子分段"的原则，根据继电保护屏（柜）端子排功能不同，分段设置端子排；

2）端子排按段独立编号，每段应预留备用端子；

3）公共端、同名出口端采用端子连线；

4）交流电流和交流电压采用试验端子；

5）跳闸出口采用红色试验端子，并与直流正电源端子适当隔开；

6）一个端子的每一端只能接一根导线。

对不同类型的保护装置规定了统一的装置编号和端子编号见表 TYBZ01701003-3。对不同类型的保护装置用英文字母 n 前缀数字编号，屏（柜）背面端子排的文字符号前缀数字与装置编号中的前缀数字相一致。

表 **TYBZ01701003-3**　　　**线路保护及辅助装置编号原则**

序　号	装　置　类　型	装置编号	屏（柜）端子编号
1	线路保护	1n	1D
2	线路独立后备保护（可选）	2n	2D
3	断路器保护（带重合闸）	3n	3D
4	操作箱	4n	4D
5	交流电压切换箱	7n	7D
6	断路器辅助保护（不带重合闸）	8n	8D
7	过电压及远方跳闸保护	9n	9D
8	短引线保护	10n	10D
9	远方信号传输装置	11n	11D

保护屏（柜）背面端子排设计原则见表 TYBZ01701003-4。

在查找某一回路时，要把表 TYBZ01701003-3 和表 TYBZ01701003-4 合起来读。例如，1UD 就是线路保护的交流电压段端子排，4QD 就是操作箱的强电开入段端子排等，以此类推，在此不一一赘述。

表 **TYBZ01701003-4**　　　**保护屏（柜）背面端子排设计原则**

自上而下依次排列顺序	左侧端子排		右侧端子排	
	名　称	文字符号	名　称	文字符号
1	直流电源段	ZD	交流电压段	UD
2	强电开入段	QD	交流电流段	ID

续表

自上而下依次排列顺序	左侧端子排		右侧端子排	
	名　称	文字符号	名　称	文字符号
3	对时段	OD	信号段	XD
4	弱电开入段	RD	遥信段	YD
5	出口段	CD	录波段	LD
6	与保护配合段	PD	网络通信段	TD
7	集中备用段	1BD	交流电源	JD
8			集中备用段	2BD

（4）端子排的表示方法。在端子排图中，以简化的端子排符号图形来表示，当屏上有不同的安装单位，顶上一格一般标注安装单位名称、安装单位编号和端子排代号。当屏上只有一个安装单位，可以照此把不同类型的回路分类编组。

端子排图一般分为 4 栏（也有简化为 3 栏的），图 TYBZ01701003-3 所示为装于屏背左侧的端子排，各格的含义如下（左侧端子排各格顺序为自右向左，右侧端子排各格顺序为自左向右）：

第一格：表示连接屏内设备的文字符号及该设备的接线端子编号；

第二格：表示接线端子的排列顺序号和端子的类型；

第三格：表示回路标号；

第四格：表示控制电缆或导线走向屏外设备或屏顶设备的符号及该设备的接线端子号。

（5）控制电缆的编号。变电站内控制电缆的特点是数量相当多，每根电缆芯线数目不等、很多电缆经过的路径又很长，有时候会经过过渡端子，为迅速辨明电缆的种类和用途，便于安装和维护，需要对每一根电缆进行唯一编号，并将编号悬挂于电缆根部。控制电缆的编号应符合以下基本要求：

1）能表明电缆属于哪一个安装单位；

2）能表明电缆的种类、芯数和用途；

3）能表明电缆的走向。

控制电缆编号遵循穿越原则：每一条连接导线的两端标以相同的编号。每根电缆芯线都印有阿拉伯数字，知道了电缆的编号，再根据电缆芯号，可方便地查到所要找的回路。电缆编号一般由打头字母和横杠加上三位阿拉伯数字构成。首字母表征电缆的归属，如"Y"表示该电缆归属于 110kV 线路间隔单元、"E"表示 220kV 线路间隔单元等。数字表示电缆走向。表 TYBZ01701003-5 为部分控制电缆的数字标号组。

模块3　　TYBZ01701003

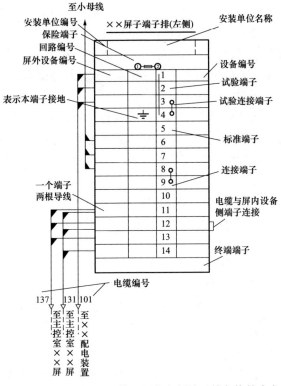

图 TYBZ01701003-3　装于屏背左侧端子排各格的含义

表 TYBZ01701003-5　　　　　　电缆数字标号组

序　号	电缆起止点	电缆编号
1	主控室到 220kV 配电装置	100～110
2	主控室到 6～10kV 配电装置	111～115
3	主控室到 35kV 配电装置	116～120
4	主控室到 110kV 配电装置	121～125
5	主控室到变压器	126～129
6	控制室内各个屏柜联系电缆	130～149
7	35kV 配电装置内联系电缆	160～169
8	其他配电装置内联系电缆	170～179
9	110kV 配电装置内联系电缆	180～189

2. 屏内设备接线图的识图

（1）屏盘结构的展开。在屏背面接线图中，一般将立体结构向上和左右展开为屏背面、屏左侧、屏右侧和屏顶四个部分。屏背面部分是屏面所装各种保护和控制设备的背视图。屏顶部分是用以装设各种小母线、自动空气开关、熔断器等。屏两侧部分通常用以安装端子排。在一块屏上，可能会安装有两个或两个以上电气单元的设备。通常一个安装单位内的所有设备集中安装在一起、属于同一个安装单位的端子集中连续排列在一起。

（2）二次设备（元件）的表示。屏上所有独立的设备、元件、功能单元等的图形的上方都有标号。屏后图设备（元件）的标志方法和内容如图 TYBZ01701003-3 所示。在每一设备（元件）图形符号上方画一个圆圈，用横线将其分上下两部分，上部分标出安装单位编号和设备（元件）顺序号。安装单位编号是为了区分在同一屏上装有属于不同的电气单元的二次设备，例如，罗马数字 I 表示的是安装单位编号，其后缀的数字，表示该设备在 I 安装单位的顺序号，同一安装单位中所用设备的顺序编号，应与屏面图一致。

下部分标出设备（元件）的文字符号（包括了用后缀数字表示的同型设备的顺序号），要求文字符号与原理展开图一致。

屏顶的小母线和自动空气开关等应画在图中最上方，屏顶设备的标志方法与屏背面设备的标志方法相同。

（3）电气连接的表示方法。电气连接的表示方法通常采用相对编号法。该方法采用对等原则：即每一条连接导线的任一端标以对侧所接设备的标号和端子号，故同一导线两端的标号是不同的。一个相对编号代表一个接线端头，一对相对编号就代表一根连接线。在图上可清楚地找到所需连接的端子，却看不到线条。例如图 TYBZ01701003-4 上 KA1 的①端子旁标有"I2-1"，表示该端子连到 I 号安装单位的 KA2 继电器的①端子。对等的，KA2 的①端子旁标有"I1-1"，即表示该端子接向 KA 1 的①端子。同理，继电器 KA1 的③端子与 KA2 的③端子并接，表明 KA1、KA2 的这两对动合触点在回路中是并联的，以此类推。掌握了相对标号法的对等原则，有助于我们根据原理图查找屏上实际接线，或根据接线图反推原理接线。

如果在某设备接线端子旁有两个标号，说明该端子上接有两根导线（注意每个端子最多允许接两根导线）。

把屏内设备接线与端子排接线统一起来阅读：电流互感器 TA-2 的 U、W 相绕组通过电缆连接到端子排的第 1、2、3 号端子。U 相电流继电器 KA1 的线圈一头接线端子②通过端子排的 1 号端子连接到电流互感器 TA2-u，回路编号为 A421；W 相电流继电器 KA2 的线圈一头接线端子②通过端子排的 2 号端子连接到电流互感器 TA2-w，回路编号 C421。KA1 和 KA2 线圈的另一头接线端子⑧并联后，通过端子排的 3 号端子连接到电流互感器中性点 TA2-n，回路编号 N421。至此完成了交流回路的不完全星形连接。KA1 和 KA2 的动合触点在接线端子并联后，一端①

通过端子排的 6 号端子连接到正电源，回路编号为 101，另一端③连到时间继电器 KT 的线圈端子⑧，KT 线圈的另一端⑦去向端子排的⑨号端子，与负电源连接，回路编号 102。至此完成了任一相电流继电器动作启动时间继电器。

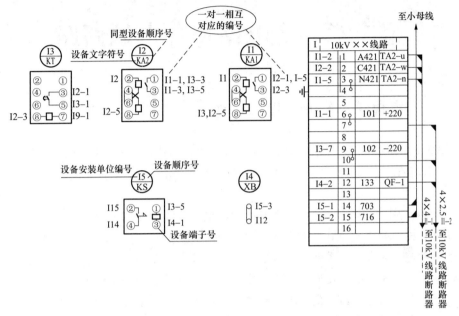

TYBZ01701003–4　10kV 线路定时限过电流保护安装图

时间继电器 KT 的延时闭合的动合触点③端子与 KA1 和 KA2 的①端子共通连接到正电源 101 回路；另一端⑤接信号继电器 KS 线圈①，KS 线圈的另一端③与出口压板 XB①端子相连，XB 端子②经端子排第 12 号端子引出到断路器操动机构。定时限过电流保护经压板 XB 的"投"、"退"控制，出口至断路器跳闸线圈。

信号继电器 KS 掉牌触点引出到 703、716 回路，发保护动作信号。

【思考与练习】

1. 什么是相对编号法？相对编号法采用的"对等原则"的内容和意义是什么？

2. "穿越原则"的内容和意义是什么？

3. 根据图 TYBZ01701003–2 反推原理接线图，并与图 TYBZ01701002–2 相比较。

4. 请根据反推出的原理接线图，按照按各元件动作顺序以及电流从直流电源正极到负极流过的路径，描述装置的整个动作过程。

国家电网公司
生产技能人员职业能力培训通用教材

第二章 变电站操作电源回路

模块 1 蓄电池操作电源 (TYBZ01702001)

【**模块描述**】本模块介绍变电站对直流操作电源的基本要求,蓄电池常用充电方式,蓄电池直流系统。通过原理讲解、图例分析,掌握变电站典型直流系统的基本知识。

【**正文**】

变电站的操作电源可以采用直流电源,也可以采用交流电源。蓄电池操作电源是由一定数量的蓄电池串联成组供电的一种与电力系统运行方式无关的直流电源系统,供电可靠性高,蓄电池电压平稳、容量较大,能够满足变电站直流负荷及变电站对操作电源的基本要求,因此是目前变电站普遍采用的操作电源。

一、变电站直流负荷及变电站对操作电源的基本要求

变电站直流负荷分为经常性负荷、事故性负荷和冲击性负荷。经常性负荷是指在正常运行时,由直流电源不间断供电的负荷。事故性负荷是指当变电站失去交流电源全站停电时,由直流电源供电的负荷。冲击性负荷是断路器合闸时的短时冲击电流。

变电站对操作电源的基本要求如下:

(1)保证供电的可靠性。变电站应装设独立的直流操作电源,以免交流系统故障时,影响操作电源的正常供电。

(2)具有足够的容量,能满足各种工况对功率的要求。

(3)具有良好的供电质量。正常运行时,操作电源母线电压波动范围小于 5%额定值;事故时不低于90%额定值;失去浮充电源后,在最大负载下的直流电压不低于 80％额定值;直流电源的波纹系数小于 5%。

二、蓄电池的常用充电方式

(1)均衡充电。为补偿蓄电池在使用过程中产生的电压不均匀现象,使其恢复到规定的范围内而进行的充电,称为均衡充电。

均衡充电过程主要包括恒流、恒压和计时三个阶段。均衡充电时,充电设备首先恒流输出;当蓄电池组电压达到均充电压值后,将转为恒压输出;当充电电流小于电流设定值时,开始进入计时阶段,计时时间到将结束本次均充任务,并自动切

换为浮充方式。蓄电池组转为均衡充电的条件为交流失电时间到设定值、蓄电池组亏容、均充时间间隔到。

（2）浮充电。在交流电源正常时，充电设备的直流输出端和蓄电池及直流负载并接，以恒压充电方式对蓄电池组进行浮充电以保持容量，同时，充电设备承担经常性负荷供电。

三、变电站直流系统的典型接线

在变电站中，广泛采用浮充运行的蓄电池直流系统。其典型接线为：

（1）一组蓄电池一台充电设备接线方式，如图 TYBZ01702001–1（a）所示。

（2）一组蓄电池两台充电设备接线方式，分别接在两段母线上，如图 TYBZ01702001–1（b）所示。蓄电池可随意切换到任一组母线，也可两段母线同时运行，当站用电有双电源，充电和浮充设备应接不同的交流电源。

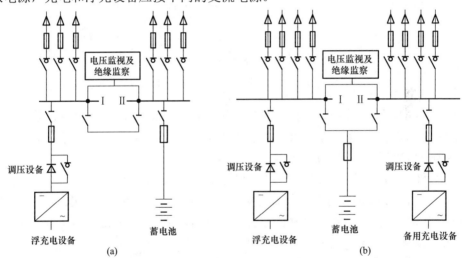

图 TYBZ01702001–1 蓄电池直流系统接线

（a）一组蓄电池一台充电装置接线方式；（b）一组蓄电池两台充电装置接线方式

（3）"两电三充"接线方式。"两电三充"接线方式由两组蓄电池、两组浮充电设备和一组充电设备构成，是 220kV 及以上变电站必备的方式。其中两组蓄电池和两台浮充设备分接在两段直流控制母线上，正常运行情况下，两段直流母线间的联络断路器在分位。两组蓄电池共用一台备用充电设备。每段母线有电压监视和绝缘监视装置，在蓄电池和直流母线之间需串接调压设备，用于保持直流母线的电压恒定。当其中一组蓄电池因检修或充放电需要从直流母线上断开时，分段开关合上，两段母线的直流负荷由另一组蓄电池供电。图 TYBZ01702001–2 为 GZDW43 型"两电三充"式直流系统。

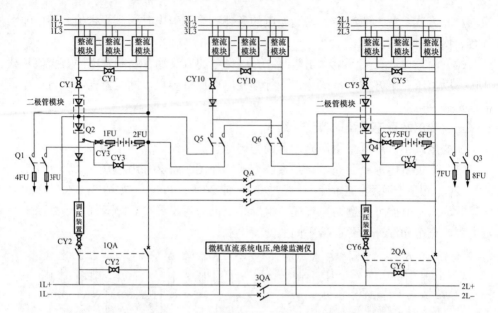

图 TYBZ01702001–2　三组充电机和两组蓄电池构成的直流系统

1）系统基本情况。图中1FU、2FU 是 I 组蓄电池总熔丝，5FU、6FU 是 II 组蓄电池总熔丝，3FU、4FU 是 I 组蓄电池放电熔丝；7FU、8FU 是 II 组蓄电池放电熔丝，放电时负载接入下口进行放电。

Q1 和 Q2 分别是 I 组蓄电池放电回路交流接触器动合触点与动断触点；Q3 和 Q4 分别是 II 组蓄电池放电回路交流接触器的动合触点与动断触点；Q5 是备用充电模块与 I 组蓄电池充电回路连接的交流接触器动合触点，Q6 是备用充电模块与 II 组蓄电池充电回路连接的交流接触器动合触点。

CY1、CY5 分别为充电模块 I 、II 的采样板，CY2、CY6 分别为 I 、II 段直流母线的采样板，CY3、CY7 分别为 I 、II 组电池的采样板，CY11、CY12 为 I 、II 电池巡检的采样板，CY10 为充电模块III的采样板。

1QA 和 2QA 分别为 I 、II 段直流母线的总开关，正常工作状态下闭合；3QA 为两段直流母线之间的联络开关，正常工作状态下断开。

2）系统运行。两电三充直流系统的交流电源输入采用三路独立电源，电源电压为380V 交流，分别取自变电站站用电的不同母线段，它们分别向三组充电模块提供工作电源。正常情况下，整个直流系统被分成为没有电气联系的两部分，交流接触器动合触点 Q5、Q6 及电动联络开关 QA 断开， I 充电模块带 I 段直流母线及 I 蓄电池运行；II 充电模块带 II 段直流母线及 II 蓄电池运行。由 I 、II 充电模块分别完成 I 、II 蓄电池的浮充、均充的运行全过程。

当Ⅰ充电模块故障时，Q5吸合，Ⅲ充电模块带Ⅰ母线及Ⅰ蓄电池运行；当Ⅱ充电模块故障时，Q6吸合，Ⅲ充电模块带Ⅱ母线及Ⅱ蓄电池运行。

当Ⅰ充电模块与Ⅲ充电模块同时故障时，电动联络开关 QA 在可编程控制器PLC的控制下，自动投入运行，此时Ⅱ充电模块通过QA向Ⅰ控制母线及蓄电池供电；当Ⅱ充电模块与Ⅲ充电模块同时故障时，则Ⅰ充电模块通过QA向Ⅱ控制母线及蓄电池供电。

当Ⅰ充电模块与Ⅱ充电模块同时故障时，PLC控制Q5、Q6自动投入，Ⅲ充电模块单机运行，两组电池处于并列运行状态。

四、"两电三充"接线方式下各电气间隔直流电源的分配

变电站的直流供电网络由直流控制母线经直流空气开关或经隔离开关和熔断器引出，分为环形网络和辐射形网络两种形式，供电给控制、保护、自动装置、信号、事故照明和交流不停电电源等若干相互独立的分支系统。以往直流馈电网络多采用环形供电方式，该供电网络在发生直流接地故障时查找比较困难，因此已逐步被淘汰。辐射形供电网络是以直流母线为中心，直接向各用电负荷供电的一种方式，它有利于实现直流系统的微机监测，便于寻找故障点。

1. 直流电源引入至各电气间隔

（1）变电站无直流分配屏。由直流屏上分别接于Ⅰ、Ⅱ两段直流母线的馈线空气开关敷设两路直流电源电缆至各电气间隔。

（2）变电站有直流分配屏。在直流分配屏上选取分别接于Ⅰ、Ⅱ两段直流母线的馈线空气开关，敷设两路直流电源电缆至各电气间隔。

（3）变电站的各间隔二次设备直流控制电源经屏顶小母线供给。要求220kV及以上间隔的控制屏（测控屏）屏顶直流电源小母线有四根，分别引自变电站Ⅰ、Ⅱ两段直流母线，各间隔在控制屏（测控屏）由屏顶小母线引下两路直流控制电源至屏内的两路自动空气开关，由控制屏（测控屏）敷设两路电源电缆至保护屏。

2. 各间隔内屏与屏之间直流控制电源分配

（1）直流屏或直流分配屏上间隔数足够多时，Ⅰ、Ⅱ组直流电源可直接分路引到各电气间隔的测控屏和保护屏。

（2）Ⅰ、Ⅱ组直流电源首先引入至各电气间隔控制屏（测控屏），在控制屏（测控屏）上安装两个直流空气开关，分别作为主控制电源、副控制电源，再由控制屏敷设两路电源电缆至保护屏。

3. 各间隔保护屏内电源分配

各装置电源的分配以能实现装置单独断电而不影响操作电源和其他装置为原则，由保护屏端子排分别配线至屏后顶部操作电源空气开关、装置电源空气开关上端，空气开关相互之间不联系；屏内操作回路、各装置电源由屏后空气开关下端引下。

（1）单操作继电器箱。Ⅰ、Ⅱ组直流电源电缆敷设至装有操作箱的 A 保护屏，再由 A 保护屏敷设一路电源电缆至 B 保护屏，图 TYBZ01702001-3 是两路直流电源由直流屏或直流分屏引入至保护 A 屏的示意图。

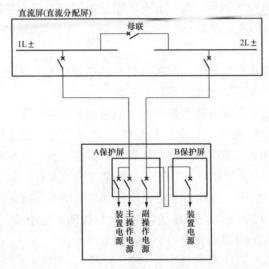

图 TYBZ01702001-3　单操作继电器箱的直流电源分配示意图

（2）双操作继电器箱。直流电源Ⅰ和直流电源Ⅱ应分别敷设电缆至 A、B 保护屏。图 TYBZ01702001-4 是两路直流电源由直流屏或直流分屏分别引入至保护 A 和 B 屏的示意图。

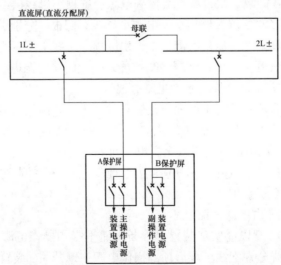

图 TYBZ01702001-4　双操作继电器箱的直流电源分配示意图

（3）对于单跳圈断路器间隔，直流电源Ⅰ引入 A 保护屏，直流电源Ⅱ引入失灵保护所在的 B 保护屏，如图 TYBZ01702001-5 所示。

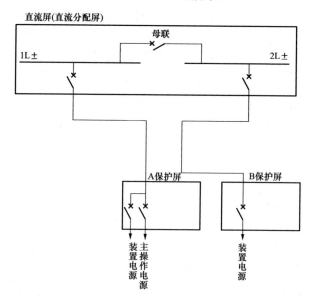

图 TYBZ01702001-5　单跳圈断路器间隔的直流电源分配示意图

【思考与练习】

1. 变电站常见的直流负荷有哪些？变电站常见的操作电源有哪些？

2. 什么是均衡充电？什么是浮充电？

3. 简述一组蓄电池两台充电设备接线方式的优缺点。

4. 简述变电站的两电三充直流系统的工作过程。

模块 2　复式整流操作电源（TYBZ01702002）

【模块描述】本模块涉及复式整流操作电源。通过简要介绍、图例分析，了解复式整流操作电源的含义、工作原理及特点。

【正文】

复式整流操作电源由电压源和电流源组成，电压源一般为站用变压器或电压互感器，电流源为电流互感器。正常运行时，电压源输入电压基本上保持恒定，而电流源的输入电流较小，并随负荷而变。在发生三相短路故障时，电压源输入电压急剧降低甚至消失，而电流源的输入电流增大。因此，复式整流装置实质上是利用交流系统正常运行时的一次系统电压和短路时一次系统电流来保证向直流

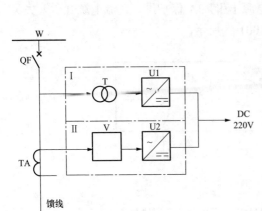

图 TYBZ01702002-1　复式整流装置结构框图

负荷供电。

图 TYBZ01702002-1 为复式整流装置结构框图。电压源Ⅰ和电流源Ⅱ可以并联起来接至直流母线，也可以串联起来接至直流母线。电压源取自站用变压器或电压互感器的输出，电流源取自电流互感器的输出。

在正常情况下，由站用变压器 T 或电压互感器的输出电压经整流装置 U1 整流后提供直流电源给直流负荷，即主要由电压源供电。在故障情况下，电压源输出电压下降或消失，此时变电站一次系统的电源线将流过较大的短路电流，由电流互感器 TA 传变为二次电流，通过铁磁谐振稳压器 V 变换为交流电压，再经整流装置 U2 整流后，提供直流电源。铁磁谐振稳压器 V 的作用是用来保持直流母线电压的稳定。

复式整流直流电源按接线可分为单相式和三相式两种，直流电压可选用 48V、110V、220V 等，它多用于线路较多、容量较小的变电站。

【思考与练习】

1. 什么是复式整流操作电源？
2. 复式整流装置中电流源的作用是什么？
3. 复式整流操作电源的构成与主要特点。

模块 3　交流操作电源（TYBZ01702003）

【模块描述】本模块涉及变电站的交流操作电源回路。通过简要介绍、图例分析，了解交流操作电源回路的接线、原理。

【正文】

最常见的交流操作电源是互感器电源。互感器的一次侧均接于一次系统，其供电可靠性受一次系统运行情况的制约。若电压源取自电压互感器，一次系统短路时将不能正常工作；而电流源取自电流互感器，一次系统短路时的过电流使电流源增强，不影响保护装置正常工作。因此，电流源的可靠性优于电压源，所以断路器的分闸回路一律采用交流电流源作交流操作电源。

常用的三种交流分闸式过电流保护回路如图 TYBZ01702003-1 所示。

图 TYBZ01702003-1（a）为直接动作式。断路器过电流跳闸线圈 LR 直接接于电流互感器二次回路中，一次系统正常运行时，LR 流过正常二次电流，远小于整定的脱扣电流值，断路器脱扣不动作；当一次系统发生短路时，LR 流过的二次电流增大，达到动作电流值时，断路器脱扣分闸。这种操作方式简单，但电流互感器二次侧负担较重，保护装置的灵敏度低。

图 TYBZ01702003-1（b）为中间电流互感器（速饱和变流器）式。一次侧正常时，电流继电器 KA 不动作，接于中间电流互感器 TA3 二次回路中的分闸线圈 LR 中无电流；一次侧过电流，流过 KA 的电流上升到动作值时，其触点接通 LR 实施分闸。TA3 采用速饱和变流器的目的，是为了限制流过 LR 的电流，减小 TA1、TA2 的二次负荷阻抗。这种操作方式接线复杂，使用电器较多，限制了保护装置的灵敏度。

图 TYBZ01702003-1（c）为去分流分闸式。正常情况下，电流继电器 KA 不动作，电流分闸线圈 LR 被 KA 的动断触点短接；当一次系统发生相间短路时，电流能达到 KA 的动作值，则 KA 动合触点闭合，接通 LR；KA 动断触点断开，去掉了对 LR 的分流作用，二次电流全部流过 LR 而分闸。这种操作方式接线简单、灵敏度高，但要求继电器触点的容量足够大，采用 GL 型电流继电器可满足这一要求。

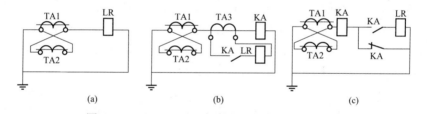

图 TYBZ01702003-1　交流分闸式过电流保护回路

（a）直接动作式；（b）中间电流互感器式；（c）去分流分闸式

【思考与练习】

1. 图 TYBZ01702003-1（b）中为什么要采用速饱和变流器？
2. 试比较三种交流分闸式过电流保护回路的优缺点。
3. 交流操作电源为什么一般不取自电压互感器？

模块 4　直流绝缘监察装置（TYBZ01702004）

【模块描述】本模块涉及直流系统绝缘监察。通过功能描述、图例分析，熟悉直流系统绝缘监察装置的工作原理，基本要求，电路组成。

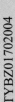

【正文】

变电站直流系统是不接地系统，当发生一点接地时，由于没有形成短路电流，不会影响直流系统的正常工作，但此时的直流系统已处于不正常状态，若直流系统再发生另一点接地，则可能引起二次设备的不正确的动作，甚至使直流回路的自动空气开关跳闸、熔断器熔断等，造成直流系统供电中断。因此，在直流系统中必须装设直流系统绝缘监察装置。

一、对直流绝缘监察装置的基本要求

（1）应能正确反映直流系统中任一极绝缘电阻下降。当绝缘电阻降至 $15\sim20\text{k}\Omega$ 及以下时，应发出灯光和音响预告信号。

（2）应能测定正极或负极的绝缘电阻下降，以及绝缘电阻的大小。

（3）应能查找直流系统发生接地的地点。

二、电磁型直流绝缘监察装置

1. 电源切换回路

电源切换回路如图 TYBZ01702004–1 所示，绝缘电阻测量电路分别经 FU1 和 FU2 接Ⅰ、Ⅱ段直流母线；信号电路分别经 FU3 和 FU4 接Ⅰ、Ⅱ段直流母线。该直流绝缘监察装置中绝缘电阻测量电路只有一套，为Ⅰ段、Ⅱ段直流母线公用，通过测量转换开关 SM 可将绝缘电阻测量电路分别投切到任一段直流母线。而信号电路是每段直流母线均配有（图中只出示其中一套），但当两组母线并列运行时，只投一套信号电路。从图中可见，两组母线并列运行时，QK1 和 QK2 动断触点断开，K1 对应的信号电路退出。

2. 信号回路

信号回路如图 TYBZ01702004–2 所示。图中 $R_1=R_2=1\text{k}\Omega$，与正极绝缘电阻 R_+ 和负极绝缘电阻 R_- 组成电桥。直流系统正常时，电桥平衡，K1 中无电流，K1 不动作，不会发出直流绝缘下降信号。当某一极绝缘电阻下降，电桥失去平衡，若绝缘电阻下降越多，则流过 K1 的电流越大。当绝缘电阻达到或低于 $15\sim20\text{k}\Omega$ 时，K1 动作，发出直流绝缘下降的灯光和音响信号。

3. 绝缘电阻下降的极性测量电路

绝缘电阻下降的极性测量电路如图 TYBZ01702004–3 所示，该电路由选择开关 SA 和高内阻电压表 PV1 组成。SA 的三个位置分别是"＋"、"–"和"m"。PV1 可测量正极对地电压 U_+、负极对地电压 U_- 和直流母线电压 U_m。当直流系统正常时，$U_+=0$，$U_-=0$；当负极绝缘电阻下降时，$U_+\leq U_\text{m}$，$U_-=0$；当正极绝缘电阻下降时，$U_+=0$，$U_-\leq U_\text{m}$。

4. 绝缘电阻测量电路

绝缘电阻测量电路如图 TYBZ01702004–4 所示。图中 $R_3=R_4=R_5=1\text{k}\Omega$，它们

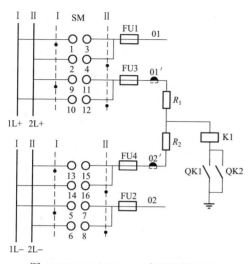

图 TYBZ01702004-1　电源切换回路

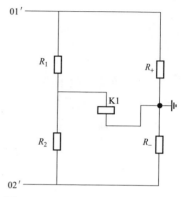

图 TYBZ01702004-2　信号回路

和 R_+、R_- 构成直流电桥。PV2 是一个高内阻电压表，盘面采用电压刻度和欧姆刻度，用于测量直流系统总的绝缘电阻。SM1 是转换开关，通常情况下，位于"S"位置。

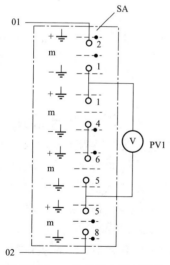

图 TYBZ01702004-3　绝缘电阻下降的
极性测量电路

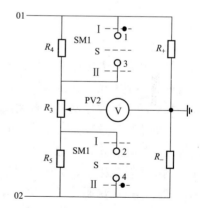

图 TYBZ01702004-4　绝缘电阻测量电路

直流系统正常情况下，R_3 的触头位于中间，电桥平衡，欧姆刻度指向∞。

当正极绝缘电阻下降后，将 SM1 置在"Ⅰ"位置，将 R_4 短接，调整 R_3 使电桥

模块 4

TYBZ01702004

平衡，读取 R_3 上的百分数 X；再将 SM1 置于"Ⅱ"位置，读取直流系统对地总绝缘电阻 R，根据以下两式计算 R_+ 和 R_-。

$$R_+ = \frac{2R}{2-X} \qquad \text{（TYBZ01702004-1）}$$

$$R_- = \frac{2R}{X} \qquad \text{（TYBZ01702004-2）}$$

当负极绝缘电阻下降后，将 SM1 置在"Ⅱ"位置，将 R_5 短接，调整 R_3 使电桥平衡，读取 R_3 上的百分数 X；再将 SM1 置于"Ⅰ"位置，读取直流系统对地总绝缘电阻 R，根据以下两式计算 R_+ 和 R_-。

$$R_+ = \frac{2R}{1-X} \qquad \text{（TYBZ01702004-3）}$$

$$R_- = \frac{2R}{1+X} \qquad \text{（TYBZ01702004-4）}$$

三、微机型直流绝缘监察装置

微机型直流绝缘监察装置基于低频探测法的工作原理，它可以对直流系统各分支回路的绝缘进行扫查，其原理接线如图 TYBZ01702004-5 所示。

1. 常规监测回路

通过两个分压器分别从直流电源正负母线采集正对地和负对地电压，送入 A／D 转换器，经微机作数据处理后，数字显示正负母线对地电压值和绝缘电阻值，其监视无死区；当电压过高或过低、绝缘电阻过低时发出报警信号，报警整定值可自行选定。

2. 各分支回路绝缘的扫查回路

该回路包括各分支电流输入回路及低频信号发送回路。各分支回路的正、负出线上都套有一小型电流互感器，其二次绕组一端接地、另一端去多路切换开关，并用一低频信号源作为发送器，通过两隔直耦合电容向直流系统正、负母线发送交流信号。由于通过互感器的直流分量大小相等、方向相反，它们产生的磁场相互抵消，而通过发送器发送至正、负母线的交流信号电压幅值相等、相位相同。这样，在互感器二次侧就可反应出正、负极对地绝缘电阻（R_{j+}、R_{j-}）和分布电容（C_j）的泄漏电流相量和，然后取出阻性（有功）分量，送入 A／D 转换器，经微机作数据处理后，数字显示阻值和支路序号。整个绝缘监测是在不切断分支回路的情况下进行的，因而提高了直流系统的供电可靠性，且无死区。在直流电源消失的情况下，仍可实现扫查功能。

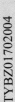

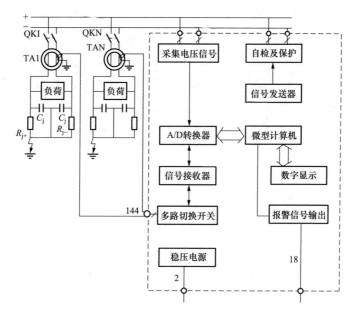

图 TYBZ01702004–5　微机型直流绝缘监察装置原理接线图

【思考与练习】

1. 对直流绝缘监察装置的基本要求是什么？

2. 直流系统电磁型绝缘监察装置由哪些电路组成？

3. 当绝缘电阻下降后，如何测量和计算直流系统的绝缘电阻？

4. 微机在线直流绝缘监察装置具有什么功能？

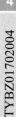

第三章 断路器控制回路

模块 1 断路器控制方式及控制回路的基本要求
（TYBZ01703001）

【模块描述】本模块介绍断路器控制方式及控制回路的基本要求。通过简要描述，了解断路器控制方式种类、特点及要求。

【正文】

一、断路器控制方式

对变电站内各电力设备的控制，主要就是对这些设备所在回路的断路器进行控制，它应当包括正常停、送电情况下由值班员对断路器的手动分、合闸控制以及故障情况下由保护和其他自动装置完成的自动分、合闸控制。其中由值班员对断路器的手动分、合闸控制又可分为以下几种方式。

依据控制地点的不同，分为远方控制和就地控制。一般来讲，利用监控主机在变电站主控室、集中控制中心或调度中心对断路器进行的控制称为远方控制或遥控控制，利用控制开关在控制室测控柜或断路器汇控柜处对断路器进行的控制称为近控控制或就地控制。断路器就地控制、测控柜上就地控制与监控主机远方控制三者之间在电气回路上能够方便地进行切换，以实现切换远方操作或就地操作的不同需要。对于综合自动化变电站来说，测控柜上的就地控制是远控控制的后备手段，断路器的就地控制主要用于断路器检修或紧急情况下的分闸。

按照被控对象数目的不同，对断路器的控制可分为"一对一"控制和"一对 N"的选线控制。"一对一"控制是利用一个控制设备控制一台断路器，"一对 N"的选线控制是利用一个控制设备通过选择，控制多台断路器。

对断路器的控制还可分为强电控制和弱电控制、直流控制和交流控制等。强电控制电压一般为±220V 或±110V。

二、控制回路的基本要求

断路器控制回路应满足下列基本要求。

（1）断路器操动机构中的跳、合闸线圈是按短时通电设计的，故在跳、合闸完成后应自动解除命令脉冲，切断跳、合闸回路，以防止跳、合线圈长时间通电。

（2）跳、合闸电流脉冲一般应直接作用于断路器的跳、合闸线圈，但对电磁操动机构，合闸线圈电流很大（35～250A左右），须通过合闸接触器接通合闸线圈。

（3）无论断路器是否带有机械闭锁，都应具有防止多次跳、合闸的电气防跳措施。

（4）断路器既可利用控制开关或计算机监控主机进行手动合闸与跳闸操作，又可由继电保护和自动装置进行自动合闸与跳闸。

（5）应能监视控制电源及跳、合闸回路的完好性、对二次回路短路或过负荷进行保护。

（6）应有反映断路器状态的位置信号和自动跳、合闸的不同显示信号。

（7）对于采用气动、液压和弹簧操动机构的断路器，应有压力是否正常、弹簧是否拉紧到位的监视回路和闭锁回路。

（8）对于分相操作的断路器，应有监视三相位置是否一致的措施。

【思考与练习】

1. 常规站的远方控制与综合自动化变电站的远方控制有何区别？
2. 强电控制电压一般为几个等级？
3. 断路器控制回路应满足哪些基本要求？

模块 2 控制开关 （TYBZ01703002）

【模块描述】本模块介绍常规站设有控制屏用的 LW2 型系列自动复位控制开关，综自站就地控制采用的 LW21 型系列自动复位控制开关。通过图表举例描述，了解断路器控制开关的结构和触点位置图表，控制开关触点位置的几种不同型式及其触点盒中动、静触点之间的关系，掌握触点号与断路器位置的对应关系。

【正文】

控制开关在断路器控制回路中作为运行值班员进行正常停、送电的手动控制元件，正面为一个操作手柄和面板，安装在屏正面。与手柄固定连接的转轴上有数节触点盒，安装在屏背后。控制开关采用旋转式，通过将手柄向左或向右旋转一定角度来实现从一种位置到另一种位置的切换。手柄可以做成带或不带自复机构两种类型，其中带自复机构的宜用于发分、合闸命令，只允许触点在发命令时接通，在操作后自动复归原位。

模块 2

TYBZ01703002

一、LW2 型控制开关

LW2 型多触头控制开关每个触点盒内有 4 个静触点和 1 个动触点。动触点的形式有两种：一种是触点在轴上，随轴一起转动；另一种是触点片与轴有一定自由行程，当手柄转动角度在其自由行程以内时，可保持在原来位置上不动。触点盒根据动触点的凸轮和簧片形状以及在转轴上安装的初始位置可分为 14 种型式，其代号为 1、1a、2、4、5、6、6a、7、8 型触点是随轴转动的动触点；10、40、50 型触点在轴上有 45°的自由行程；20 型触点在轴上有 90°的自由行程；30 型触点在轴上有 135°的自由行程。具有自由行程的触点切断能力较小，只适合信号回路。

表 TYBZ01703002–1 列出了 LW2–Z–1a、4、6a、40、20、20 / F8 型控制开关结构以及当操作手柄在不同位置时触点盒内各触点的分、合动作状态。

表 TYBZ01703002–1　　LW2–Z–1a、4、6a、40、20、20 / F8 型控制开关触点图表

在"跳闸"后位置的手把（正面）的样式和触点盒（背面）接线图	合 / 跳	·1 ·2 / 4· 3·	·5 ·6 / 8· 7·	·9 ·10 / 12· 11·	·13 ·14 / 16· 15·	·17 ·18 / 20· 19·	·21 ·22 / 24· 23·
手柄和触点盒的型式	F8	1a	4	6a	40	20	20
触点号 / 位置	—	1–3 / 2–4	5–8 / 6–7	9–10 / 9–12 / 10–11	13–14 / 14–15 / 13–16	17–19 / 17–18 / 18–20	21–23 / 21–22 / 22–24

位置	F8	1–3	2–4	5–8	6–7	9–10	9–12	10–11	13–14	14–15	13–16	17–19	17–18	18–20	21–23	21–22	22–24
跳闸后	▭●	—	×	—	—	—	—	×	—	—	×	×	—	—	—	—	×
预备合闸	▯	×	×	—	—	—	×	—	—	—	×	×	—	—	—	—	×
合闸	◢	—	—	×	—	×	—	—	—	—	—	—	×	—	—	×	—
合闸后	▯	×	—	—	×	×	—	—	×	—	—	—	×	—	×	—	—
预备跳闸	▭●	—	×	—	×	—	—	×	×	—	—	—	—	×	×	—	—
跳闸	◢	—	—	—	—	—	—	—	—	×	—	—	—	×	—	—	—

此种控制开关有两个固定位置（垂直和水平）和两个操作位置（由垂直位置再顺时针转 45°和由水平位置再逆时针转 45°）。由于具有自由行程，所以开关的触点位置共有 6 种状态，即"预备合闸"、"合闸"、"合闸后"、"预备跳闸"、"跳闸"、"跳闸后"，能够把跳、合闸操作分两步进行。

当断路器为断开状态，操作手柄置于"跳闸后"的水平位置。需进行合闸操作时，首先将手柄顺时针旋转 90°至"预备合闸"位置，再旋转 45°至"合闸"位

置，此时 4 型触点盒内触点 5–8 接通且仅在此位置接通，发出合闸脉冲。断路器合闸后，松开手柄，操作手柄在复位弹簧作用下，自动返回至垂直位置"合闸后"。进行跳闸操作时，将操作手柄从"合闸后"的垂直位置逆时针旋转 90° 至"预备跳闸"位置，再继续旋转 45° 至"跳闸"位置，此时 4 型触点盒内触点 6–7 接通且仅在此位置接通，发跳闸命令脉冲。断路器跳闸后，松开手柄使其自动复归至水平位置"跳闸后"。采用两个固定位置和两个操作位置的控制开关，把合、分闸操作均分为两步进行，其目的是防止误操作。

二、LW21 型系列自动复位控制开关

1. LW21–16/4.0653.3 型控制开关

LW21–16/4.0653.3 型控制开关触点如表 TYBZ01703002–2 所示，该开关手柄有一个固定位置和两个操作位置，因而跳合闸操作均只能一步完成。

表 TYBZ01703002–2　　　　LW21–16/4.0653.3 型控制开关触点图表

运行方式 ＼ 触点		3–4 7–8	1–2 5–6
合闸	↗	×	—
	↑	—	—
跳闸	↘	—	×

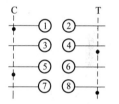

2. LW21–16D/49.6201.2 型控制开关

该开关位置与触点关系如表 TYBZ01703002–3 所示。该开关手柄位置与 LW2–Z 型开关一样，有两个固定位置和两个操作位置，但触点盒的结构非常简单。

表 TYBZ01703002–3　　　　LW21–16D/49.6201.2 型控制开关触点图表

运行位置	触点	1–2 5–6	3–4 7–8
预备合闸、合闸后	↑	—	—
合闸	↗	×	—
预备分闸、分闸后	←	—	—
分闸	↙	—	×

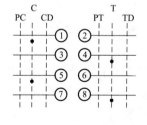

采用上述自动复位控制开关，需要另外配备远方和就地操作切换开关，才能在测控屏上实现远方和就地操作的转换。

3. LW21-16D/49.5858.4GS 型控制开关

该开关有三个固定位置（一个垂直位置和±45°位置），因而集断路器的合、分闸操作以及远方和就地操作的转换为一体。其中，垂直位置定义为"远方"，另外两个固定位置分别为"就地 1"和"就地 2"。当置手柄于"远方"位置时，触点 5-6、7-8 接通且仅在此位置接通，可用其把正电源切换至远方操作回路，不需要另外配置专门的切换开关。当置手柄于"就地 1"位置时，无触点接通，相当于预分，再逆时针旋转 45°至"跳闸"位置，此时触点 9-10、11-12 接通，发跳闸命令脉冲。断路器跳闸后，松开手柄使其自动复归至"就地 1"位置即"跳闸后"位置。同理，置手柄于"就地 2"位置，即可进行就地的合闸操作。如表 TYBZ01703002-4 所示。

表 TYBZ01703002-4   LW21-16D/49.5858.4GS 型控制开关触点图表

运 行 位 置	触 点	1-2 3-4	5-6 7-8	9-10 11-12
远方	↑	—	×	—
就地 2（预备合闸、合闸后）	↗	—	—	—
合闸	→	×	—	—
就地 1（预备分闸、分闸后）	↘	—	—	—
分闸	←	—	—	×

【思考与练习】

1. 控制开关的固定位置与操作位置各起什么作用？
2. 请用图形表示法绘出 LW21-16D/49.5858.4GS 型控制开关位置与触点关系。
3. 比较 LW21-16D/49.6201.2 型控制开关与 LW2-Z 型开关的相同点和不同点。

模块 3 断路器基本跳合闸回路（TYBZ01703003）

【模块描述】本模块介绍断路器控制回路中最基本的跳合闸回路。通过功能描述、图例分析，了解手动跳、合闸回路和自动跳、合闸回路的实现形式。

【正文】

一、断路器最基本的跳合闸回路

断路器最基本的合闸回路必须包含用于正常操作的手动合闸回路以及自动装置自动合闸回路；最基本的跳闸回路必须包含用于正常操作的手动跳闸回路以及继电保护装置自动跳闸回路。为此在远方或就地必须有能发出跳、合闸命令的控制设备、在断路器上应当有能执行命令的操动机构。控制设备与操动机构内的跳闸、合闸线圈等之间通过控制电缆连接，形成基本的断路器控制回路，如图TYBZ01703003-1 所示。图中 YC 是断路器合闸线圈、YT 是断路器跳闸线圈。合闸回路由控制开关 SA 的合闸触点与自动装置合闸继电器的动合触点 KRC 并联后与合闸线圈连接起来构成，同理，跳闸回路由控制开关 SA 的跳闸触点与继电保护装置中跳闸出口继电器的动合触点 KCO 并联后与跳闸线圈连接起来构成。图中采用图

形符号表示控制开关 SA 位置与触点
关系，6 条垂直的虚线表示控制开关
手柄的 6 个不同操作位置，分别为 PC
（预备合闸）、C（合闸）、CD（合闸后）
以及 PT（预备分闸）、T（分闸）、TD
（分闸后）。

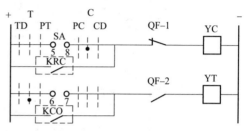

图 TYBZ01703003-1　最基本的断路器跳合闸回路

在跳、合闸回路中都引入了断路
器的辅助触点，其中，在断路器合闸
回路中引入了动断触点 QF-1，在 QF 未进行合闸操作前它是闭合的，因此只要将控制开关的手柄转至合闸位置"C"，触点 5-8 接通（或自动装置合闸的触点闭合），合闸线圈即有电流流过，断路器即进行合闸。当断路器合闸过程完成，与断路器传动轴一起联动的动断辅助触点即断开，自动地切断合闸线圈中的电流。同理，在跳闸回路中则引入了动合辅助触点 QF-2，只要将控制开关的手柄转至"跳闸"位置，触点 6-7 接通（或继电器的触点闭合），跳闸线圈即有电流流过，断路器即进行跳闸。当断路器跳闸过程完成，与断路器传动轴一起联动的动合辅助触点即断开，自动地切断跳闸线圈中的电流。在跳、合闸回路串入断路器辅助触点的目的有两个：

（1）跳闸线圈与合闸线圈是按短时通电设计的，在操作完成之后，通过触点自动地将操作回路切断，以保证跳、合闸线圈的安全。

（2）跳、合闸回路都是电感电路，如果经常由控制开关触点或继电器触点来切断跳、合闸操作电流，则容易将该触点烧毁。回路中串入了断路器辅助触点，就可由辅助触点切断电弧，以避免损坏上述触点。为此，要求辅助触点有足够的切断容量并要对其动触头的位置做精确调整。

二、断路器控制方式的切换

为了满足断路器就地控制以及远方控制的需求，在电气回路设计上要能够方便地进行操作方式的切换。图 TYBZ01703003-2 所示为某综合自动化变电站 110kV 线路断路器基本跳合闸回路。

图中，SA1 为切换就地和远方操作的选择开关，SA2 是手动分、合闸控制开关。当 SA1 在就地位置"L"时，SA1 的 3-4 和 7-8 触点接通，1-2 和 5-6 触点断开，

此时切换 SA2 到"合闸"位置，SA2 的 3–4 触点闭合，接通断路器合闸线圈回路，实现就地合断路器；切换 SA2 到"分闸"位置，SA2 的 1–2 触点闭合，接通断路器跳闸线圈回路，实现就地跳断路器。在合闸回路设置了电流自保持的辅助继电器 KC，以保证断路器的可靠合闸。

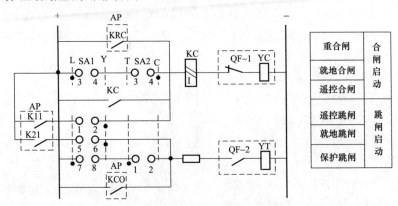

图 TYBZ01703003–2　断路器跳合闸回路的"就地"和"远方"切换

当 SA1 在"Y"位置时，可实现远方分、合断路器的操作。

【思考与练习】

1. 基本的跳合闸回路由哪些基本元件构成？各起什么作用？
2. 简述为什么要在合闸回路中串接断路器的动断辅助触点。
3. 简述为什么要在跳闸回路中串接断路器的动合辅助触点。
4. 试用 LW21–16D/49.5858.4GS 型控制开关重新设计该回路。

模块 4　断路器的防跳跃闭锁控制回路（TYBZ01703004）

【模块描述】本模块描述了防跳继电器的基本构成、基本接线和动作行为。通过功能讲解、图例分析，熟悉断路器的防跳跃闭锁控制回路的基本作用和闭锁原理。

【正文】

考虑到当断路器合闸后，由于某种原因造成合闸自保持继电器 KC 的动合触点发出合闸命令的触点粘连的情况下，如果遇到一次系统永久性故障，继电保护动作使断路器跳闸，则会出现多次跳闸–合闸的"跳跃"现象。如果断路器带故障电流发生多次跳跃，容易损坏断路器，造成事故扩大。所以断路器控制回路必须设置防跳功能，以双线圈中间继电器构成的电气"防跳跃"回路如图 TYBZ01703004–1 所示。

图中，在基本的分、合闸回路中加装一只双线圈的中间继电器 KCF，称之为防跳继电器，其中串联于跳闸回路中的是电流启动线圈；另一个线圈是电压自保持线圈，与自身的动合触点 KCF–1 串联接于合闸回路中。此外，在合闸回路中还串入一对动断触点 KCF–2。当利用控制开关 SA 或自动装置触点 KRC 进行合闸时，如合在短路故障上，继电保护动作，触点 KCO 闭合，使断路器跳闸的同时也启动防跳继电器 KCF 的电

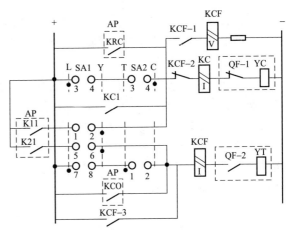

图 TYBZ01703004–1　以双线圈中间继电器构成的电气"防跳跃"回路

流线圈，其动合触点 KCF–1 闭合，如果此时合闸脉冲未解除，则防跳继电器 KCF 的电压线圈得以自保持。动断接点 KCF–2 一直处于断开状态，切断合闸回路，使断路器不能再合闸。只有在合闸脉冲解除，防跳继电器 KCF 的电压线圈失电返回后，整个电路才能恢复正常状态。另外在跳闸回路中与继电保护装置跳闸出口继电器 KCO 并联接入的动合触点 KCF–3，使 KCF 电流起动线圈的动作自保持，一直等到断路器的辅助触点 QF–2 断开才能解除，其作用是为了防止继电保护装置出口跳闸继电器 KCO 的触点先于 QF–2 断开而烧毁。

【思考与练习】

1. 什么是断路器的"跳跃"？
2. 防跳继电器在什么情况下启动，在什么情况下自保持？
3. 防跳继电器动合触点 KCF–3 的作用是什么？

模块 5　断路器位置信号回路（TYBZ01703005）

【模块描述】本模块介绍断路器位置信号的基本内容。通过功能描述、图例分析，掌握断路器位置信号回路的作用以及基本实现方式。

【正文】

一、断路器位置信号回路的作用

（1）指示正常情况下，断路器所处的分、合位置状态。

（2）指示断路器状态的变位。

上述信号必须有明显区别，以方便运行值班员的判断与处理。

（3）监视控制电源以及跳、合闸回路的完好性。

二、断路器位置信号的接线原则

断路器位置信号回路的接线遵循"不对应"原则。这一名词源于常规变电站，当运行值班员利用控制屏上控制开关进行断路器的分、合闸操作时，断路器的位置与控制开关的位置是一致的，称之为"对应"，而因其他原因导致的断路器位置的改变，断路器的位置与控制开关的位置将出现不一致的现象，称之为"不对应"。例如断路器在合闸位置时，控制开关应置于"合闸后"位置，两者是一致的，当一次系统发生故障，继电保护装置动作使断路器处于断开状态，而控制开关仍是在"合闸后"位置，两者就出现不一致。凡属自动跳闸或自动合闸都将出现控制开关与断路器位置不对应的情况，因此可利用这一特征来发出自动跳、合闸信号。

三、断路器位置信号的实现方式

1. 利用信号灯指示断路器位置

利用控制屏上的位置信号灯来指示断路器的位置状态，一般通过控制开关 SA 的触点与断路器辅助触点相配合，以平光表示"位置对应"的状态，以闪光表示"位置不对应"状态。在双灯制接线的位置信号回路中，通常用红灯表示断路器的合闸状态、用绿灯表示断路器的分闸状态；用灯光闪烁表示断路器自动跳、合闸状态。当继电保护动作使断路跳闸时，还要发出事故音响信号，提醒值班员注意。接线原理如图 TYBZ01703005-1 所示。

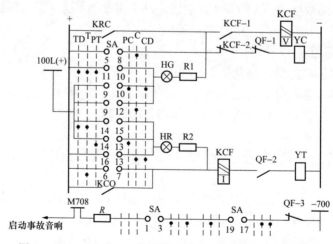

图 TYBZ01703005-1　带有双灯指示的断路器跳、合闸回路

（1）红灯 HR 指示分析。断路器正常运行时，控制开关是处于"合闸后"位置，SA 的 13-16 触点接通控制回路正电源，HR 发出平光，指示断路器在合闸状态。

若断路器在运行中发生跳闸事件后，由自动装置进行自动合闸，由于控制开关是在"合闸后"位置，断路器重合成功后，红灯仍发平光。

若断路器在断开状态由自动装置进行自动合闸后，由于控制开关 SA 是处在"分闸后"位置，此时红灯 HR 经 SA 的 14-15 触点接至闪光电源小母线（+），由于闪光电源是连续的间断脉冲，所以红灯开始闪光。将控制开关切换至"合闸后"位置，则控制开关与断路器两者的位置相对应，此时 SA 的 14-15 触点断开、SA 的 13-16 触点接通，则红灯闪光停止，又发出平光。

当值班人员手动操作使断路器跳闸时，先将控制开关打到"预备分闸"位置，此时红灯 HR 通过 SA 的 13-14 触点接通小母线（+）开始闪光，再将 SA 置于"分闸"位置，断路器跳闸后 QF-2 打开、QF-1 闭合，红灯 HR 熄灭，绿灯 HG 通过 SA 的 10-11 触点接通控制回路正电源，发出平光，指示断路器已跳闸，将控制开关打到"分闸后"位置，操作完毕。

（2）绿灯 HG 指示分析。断路器退出运行后，控制开关是处于"分闸后"位置，SA 的 10-11 触点接通，HG 发出平光，指示断路器在分闸状态。

当手动操作使断路器合闸时，将控制开关打到"预备合闸"位置，此时绿灯 HG 开始闪光，再将 SA 置于"合闸"位置，直到断路器合闸，QF-2 打开、QF-1 闭合，则绿灯 HG 灭、红灯发出平光，指示断路器已合闸。将控制开关打到"合闸后"位置，操作完毕。

当断路器由继电保护动作自动跳闸时，控制开关仍处在原来的"合闸后"位置，而断路器已经跳开，两者的位置不对应，此时绿灯 HG 经 SA 的 9-10 触点接至闪光电源小母线（+），绿灯开始闪光，以引起值班人员的注意。当值班人员将控制开关切换至"跳闸后"位置时，则控制开关与断路器两者的位置相对应，绿灯闪光停止，绿灯 HG 经 SA 的 10-11 触点接至控制回路正电源，又发出平光。

在手动操作过程中由于不对应，信号指示灯闪光表明操作对象无误，闪光的停止将证明操作过程的完成。

（3）事故跳闸音响信号。当断路器由继电保护装置动作跳闸时，要求发出事故跳闸音响信号，以引起值班人员注意。事故音响信号也是利用上述不对应原则实现的，事故音响信号装置全站公用一套，图 TYBZ01703005-1 仅给出了其中某一路启动回路。图中采用 SA 的 1-3 触点和 17-19 触点相串联的方式满足了仅在"合闸后"位置才接通的这一要求。当事故跳闸时，信号灯闪光，同时 SA 的 1-3 触点和 17-19 触点和断路器的动断辅助触点 QF-3 均闭合，接通事故跳闸音响信号回路，发事故音响信号。

2. 利用继电器指示断路器位置

图 TYBZ01703005-2 示意了某综合自动化变电站 35kV 断路器控制回路，其中在跳闸回路中并接合闸位置继电器 KCC，相当于取代图 TYBZ01703005-1 中的合

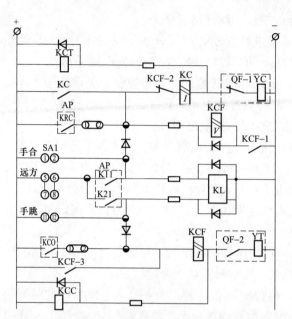

图 TYBZ01703005-2 利用继电器指示断路器位置的方式

闸位置指示灯 HR；在合闸回路中利用跳闸位置继电器 KCT 取代跳闸位置指示灯 HG。位置继电器有多副动合与动断触点，可以根据需要形成相应的位置信号回路，还可以向继电保护和综合自动化装置等提供所需要的断路器位置状态，将在相应的模块中予以介绍。例如：

（1）利用合闸位置继电器和跳闸位置继电器同时失电，发"控制回路断线"预告信号及启动音响监视回路。

（2）提供给母差保护、断路器三相不一致保护、重合闸装置等断路器位置状态。当触点数不够时，串接数个继电器以扩充接点数目。

（3）可以取代断路器辅助触点启动事故音响回路。

（4）图中，合后位置继电器 KL 是磁保持的继电器，其状态的改变是通过手动操作 SA1 实现的。当启动线圈得电，相当于将常规站的控制开关置于"合闸后"位置，我们称启动线圈为合闸线圈；当返回线圈励磁，相当于将控制开关置于"跳闸后"位置，我们称返回线圈为跳闸线圈；因而 KL 与跳闸位置继电器配合可实现"断路器位置不对应"的启动功能。

【思考与练习】

1. 简述断路器位置信号的功能。

2. 简述"不对应原则"及其应用。

3. 画图并说明如何利用合闸位置继电器和跳闸位置继电器触点发"控制回路断线"信号。

4. 利用跳闸位置继电器与合后位置继电器的组合可实现哪些"断路器位置不对应"的启动功能？如何组合？

国家电网公司
生产技能人员职业能力培训通用教材

第四章 信 号 回 路

模块 1　信号回路基本知识 （TYBZ01704001）

【模块描述】 本模块介绍变电站常见的信号。通过概念描述、要点讲解，了解信号回路的基本内容。

【正文】

一、信号的类型

信号按其用途可分为：

（1）事故信号。当一次系统发生事故引起断路器跳闸时，由继电保护或自动装置动作启动信号系统发出的声、光信号，以引起运行人员注意。

（2）预告信号。当一次或二次电气设备出现不正常运行状态时，由继电保护动作启动信号系统发出的声、光信号。预告信号又分为瞬时预告信号和延时预告信号。

（3）位置信号。表示断路器、隔离开关以及其他开关设备状态的位置信号。

其中事故信号和预告信号又称为中央信号。为了使运行人员准确迅速掌握电气设备和系统工况，事故信号与预告信号应有明显区别。通常事故跳闸时，发出蜂鸣器声，并伴有断路器指示绿灯闪光；预告信号发生时警铃响，并伴有光字牌指示等。

二、引发事故信号的原因

（1）线路或电气设备发生故障，由继电保护装置动作跳闸。

（2）断路器偷跳或其他原因引起的非正常分闸。

三、预告信号的基本内容

（1）各种电气设备的过负荷。

（2）各种带油设备的油温升高超过极限。

（3）交流小电流接地系统的单相接地故障。

（4）直流系统接地。

（5）各种液压或气压机构的压力异常，弹簧机构的弹簧未拉紧。

（6）三相式断路器的三相位置不一致。

（7）继电保护和自动装置的交、直流电源断线。

模块 1

TYBZ01704001

（8）断路器的控制回路断线。

（9）电流互感器和电压互感器的二次回路断线。

（10）动作于信号的继电保护和自动装置的动作。

【思考与练习】

1. 什么是事故信号和预告信号？

2. 引发事故信号的原因主要有哪些？

3. 电力变压器的常见预告信号有哪些？

模块 2　中央信号回路（TYBZ01704002）

【模块描述】本模块介绍常规变电站中央信号和综自变电站信号系统的基本知识。通过概念描述、图例分析，熟悉变电站信号系统。

【正文】

一、常规变电站中央信号启动回路

中央信号由事故信号和预告信号组成，分别用来反映电气设备的事故及异常运行状态。中央信号装于控制室的中央信号屏上，是控制室控制的所有安装单位的公用装置。

在图 TYBZ01704002-1 和图 TYBZ01704002-2 中，+700、-700 为信号小母线；M708 为事故音响小母线；M 709、M710 为预告信号小母线；U 为脉冲变流器；KM 为执行继电器；SA 为控制开关；S 为转换开关。

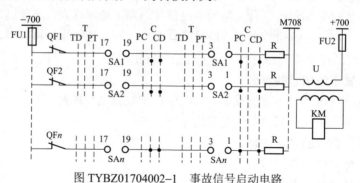

图 TYBZ01704002-1　事故信号启动电路

当电力系统发生事故造成断路器 QF1 跳闸时，M708 经 SA1 触点 1-3、19-17 和断路器辅助触点 QF1 至-700 得负电，即 M708 与-700 之间的不对应启动回路接通，在变流器 U 二次侧产生一个尖峰脉冲电流，此刻执行继电器 KM 动作，去启动中央事故信号回路发出事故音响。

当事故信号启动回路尚未复归时，若电力系统又发生事故，造成第二台断路器 QF2 跳闸，则 M708 经 SA2 触点 1–3、19–17 和断路器辅助动断触点 QF2 至–700 又接通第二条不对应启动回路，在小母线 M708 与–700 之间又并联一支启动回路；从而使变流器 U 的一次电流发生变化，二次侧再次出现脉冲电流，使继电器 KM 再次启动。

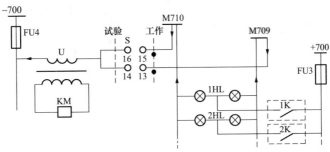

图 TYBZ01704002–2 预告信号启动电路

当电气设备发生不正常运行状态时，相应的保护装置的触点 K 闭合，预告信号的启动回路接通，即+700 经触点 K 和光字牌 HL 接至预告小母线 M709 和 M710 上，再经过 S 的触点 13–14、15–16，变流器 U 至–700，使 KM 动作，启动警铃并点亮相应光字牌 HL。不同回路的信号光字牌并入启动回路，使预告信号能重复动作。

二、综合自动化变电站的信号系统

在综合自动化变电站，已逐步取消了断路器控制屏与中央信号屏，全站各种事故、异常告警信号及状态指示信号等信息均由微机监控系统进行采集、传输及实时发布。图 TYBZ01704002–3 所示为综合自动化变电站信号系统示意图，其中主设备、母线及线路的电流、电压、温度、压力及断路器、隔离开关位置等状态信号由各自电气单元的测控装置采集后送到监控主机，保护装置发出的信号既可通过软件报文的形式传输到监控主机，又可以硬接点开出遥信信号送到测控屏，再由测控屏转换成数字信号传输到变电站站控层的监控主机。

在监控系统中，各类信息的动作能够以告警的形式在显示屏上显示，还可通过音响发出语言报警。当电网或设备发生故障引起开关跳闸时，在发出语言告警的同时，跳闸断路器的符号在屏上闪烁，较传统的事故与预告信号系统相比，更方便运行人员迅速地对信息进行分类与判别以及对事故进行分析与处理。

主变压器测控装置的信号主要来自于变压器保护装置、变压器本体端子箱、各电压等级的配电装置、有载分接开关等。高压线路测控装置的信号主要来自于高压线路保护柜、线路 GIS 柜、断路器操动机构、隔离开关等。公用测控装置的信号主要来自于母线保护柜、故障录波器柜、直流电源柜、故障信息处理机柜、GPS 等。

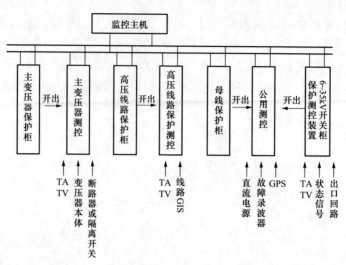

图 TYBZ01704002-3　综合自动化变电站信号系统示意图

综合自动化变电站的信号可分为继电保护动作信号（如变压器主、后备保护动作信号等）、自动装置动作信号（如输电线路重合闸动作、录波启动信号等）、位置信号（如断路器、隔离开关、有载分接开关档位等位置信号）、二次回路运行异常信号（如控制回路断线、TA 和 TV 异常、通道告警、GPS 信号消失等）、压力异常信号（如 SF_6 低气压闭锁与报警信号等）、装置故障和失电告警信号（如直流消失信号等）。

【思考与练习】

1. 以图 TYBZ01704002-1 为例，说明中央事故信号和中央预告信号的启动、重复动作的工作原理。

2. 高压线路测控柜的信号一般来自于哪些设备？

3. 保护装置的各类信号是通过什么路径输送到监控主机的？

第五章 互感器回路

模块 1 电流互感器的接线方式（TYBZ01705001）

【模块描述】本模块介绍电流互感器的接线方式及其用途、使用时的安全注意事项。通过要点讲解、图例分析，了解电流互感器在不同运用中的不同接线方式。

【正文】

一、电流互感器的常用接线方式及其应用

电流互感器二次电流主要取决于一次电流，是二次设备的电流信号源。为适应二次设备对电流的具体要求，电流互感器有多种接线方式，目前变电站常见的接线方式有以下几种。

1. 三个电流互感器的完全星形接线

三相完全星形接线是将三个相同的电流互感器分别接在 U、V、W 相上，二次绕组按星形连接。这种接线方式用于测量回路，可以采用三表法测量三相电流、有功功率、无功功率、电能等。用于继电保护回路，能完全反应相间故障电流和接地故障电流。

三个电流互感器的完全星形接线与继电保护配合，通常构成三相三继电器式接线与三相四继电器式接线，如图 TYBZ01705001-1 所示。其中，前者在大接地电流系统中，主要用作相间短路保护；在小接地电流系统中，常用于容量较大的发电机和变压器的相间短路保护；后者在完全星形接线的公共线上再装一只继电器，流入该继电器的电流是三倍的零序电流，主要用作大地电流系统的接地短路保护，在小接地电流系统中的架空线路，当条件满足时亦有使用。

2. 两个电流互感器的不完全星形接线

两相不完全星形接线与三相完全星形接线的主要区别在于 V 相上不装设电流互感器。这种接线用于小接地电流系统可以测量三相电流、有功功率、无功功率、电能等。

与继电保护配合，通常构成两相两继电器式接线和两相三继电器式接线两种接线方式，如图 TYBZ01705001-2 所示。其中，前者主要用作小接地电流系统的相间短路保护。后者在两相不完全星形接线的公共线上再装一只继电器，流入该继电器

模块 1

TYBZ01705001

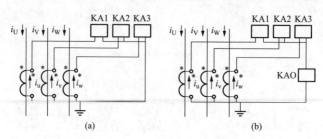

图 TYBZ01705001-1 三个电流互感器的完全星形接线

（a）三相三继电器式接线；（b）三相四继电器式接线

的电流是两相电流之相量和，可在小接地电流系统中用作变压器的过电流保护，以改善继电器动作的灵敏性。

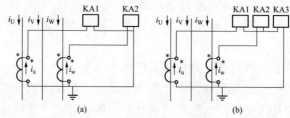

图 TYBZ01705001-2 两个电流互感器的不完全星形接线

（a）两相两继电器式接线；（b）两相三继电器式接线

3. 一个电流互感器的单相式接线

这里所说的一个电流互感器的单相式接线，包含图 TYBZ01705001-3 所示的三种形式。图 TYBZ01705001-3（a）所示电流互感器可以接在任一相上，主要用于测量三相对称负载的一相电流或过负荷保护；图 TYBZ01705001-3（b）所示电流互感器接在变压器中性点引下线上，作为变压器中性点直接接地的零序过电流保护和经放电间隙接地的零序过电流保护；图 TYBZ01705001-3（c）所示电流互感器套在电缆线路的外部，相当于零序电流滤过器，通常在小接地电流系统中用作为单相接地保护。

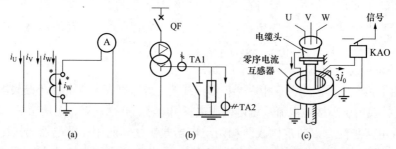

图 TYBZ01705001-3 一个电流互感器的单相式接线

（a）TA 接在任一相上；（b）TA 接在变压器中性线上；（c）TA 套在电缆线路

4. 两组及以上多组电流互感器的和式接线

如图 TYBZ01705001-4 所示，两组电流互感器分别接在 U、V、W 相上，二次绕组按和式接线，即流入负载的电流为两组同名相电流之和，这种接线主要应用在这种接线主要用于一台半断路器接线、角形接线、桥形接线的测量回路以及差动保护。

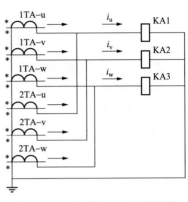

图 TYBZ01705001-4　两组电流
互感器的和式接线

上述接线要注意电流互感器二次绕组之间各相极性的一致性以及二次绕组与一次绕组极性的一致性，当出现极性错误时，将可能造成计量、测量错误以及带有方向性的继电保护装置的误动或拒动。对于和电流的接法，理论上两组电流互感器的变比必须一致。

二、电流互感器二次绕组的分配

（1）要正确选择不同准确度级的电流互感器二次绕组。在高压系统中，电流互感器有多个二次绕组，以满足计量、测量和继电保护的不同要求。计量对准确度要求最高，在 110kV 及以上系统一般接 0.2 级，测量回路要求相对较低，在 110kV 及以上系统一般接 0.5 级。继电保护设备不要求正常工作情况下的测量准确度，但要求在所需反映的短路电流出现时电流互感器的误差不超过 10%。220kV 及以下系统一般采用稳态特性的 P 级电流互感器、500kV 系统继电保护设备选择暂态特性的 TP 级电流互感器。

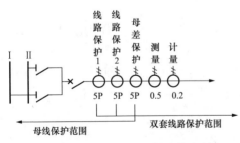

图 TYBZ01705001-5　220kV 线路电流
互感器二次绕组的分配

（2）保护用电流互感器的配置及二次绕组的分配应尽量避免主保护出现死区。按近后备原则配置的两套主保护应分别接入互感器的不同二次绕组。图 TYBZ01705001-5 所示为某 220kV 线路电流互感器二次绕组的分配。

三、电流互感器二次回路的接地

电流互感器二次回路的接地应严格按照 GB/T 14285—2006《继电保护和电网安全自动装置技术规程》规定，电流互感器的二次回路必须有且只能有一点接地。

（1）独立的或与其他电流互感器二次回路没有电气联系的电流互感器二次回路宜在配电装置处经端子排一点接地。

（2）对于由两组或两组以上有电气联系的电流互感器组成的电流回路，宜在多组电流互感器连接处（例如微机型母差保护、微机型变压器差动保护的保护屏端子排）一点接地。

（3）对于有辅助变流器的电流回路，电流互感器应在开关场接地，同时变流器的二次也应接地。

四、防范电流互感器二次回路开路的几种措施

运行中的电流互感器二次回路不允许开路，因此，必须设有防范电流互感器二次回路开路的措施。

（1）电流互感器二次回路不允许装设熔断器等短路保护设备。

（2）电流互感器二次回路一般不进行切换。当必须切换时，应有可靠的防止开路措施。

（3）继电保护与测量仪表必须合用时，测量仪表要经过中间变流器接入，并接入次序为先保护后仪表。

（4）电流互感器二次回路的端子应采用试验端子。

（5）保证电流互感器二次回路的连接导线有足够的机械强度。

（6）已安装好的电流互感器二次绕组备用时，应将其引入端子箱内短路接地。短路位置应在电流互感器的引线侧，防止试验端子连片接触不良造成电流互感器二次回路开路。

【思考与练习】

1. 电流互感器的作用是什么？它在一次回路中如何连接？
2. 为什么电流互感器的二次回路要采用一点接地？接地点设在何处？
3. 电流互感器二次回路的接线主要有几种？各自的特点如何？各有什么用途？

模块 2　电压互感器的接线方式（TYBZ01705002）

【模块描述】本模块介绍电压互感器的接线方式及其用途、使用时的安全注意事项。通过要点归纳、图例分析，了解电压互感器在不同运用中的不同接线方式。

【正文】

一、电压互感器的常用接线方式及其应用

电压互感器二次电压主要取决于一次电压，是二次设备的电压信号源。为适应二次设备对电压的具体要求，电压互感器有多种接线方式，目前变电站常见的接线方式有以下几种。

1. 电压互感器的单相式接线

该接线有两种形式，一种是反映一次系统线电压的接线，其变比一般为 $U_{\phi\phi}/100$，目前多用于小接地电流系统判线路无压或判同期。一次绕组可接任一线

电压,但不能接地,二次绕组应有一端接地。另一种是反映一次系统相电压的接线,以电容分压式电压互感器为典型,主要用于 110kV 及以上大接地电流系统中。图 TYBZ01705002-1(b)所示为一个单相电容分压式电压互感器,在高压相线与地之间接入串联电容,在临近接地的一个电容器端子上并接一只电压互感器 TV,该接线通常接在 U 相,用于判线路无压或同期,其变比一般为 $U_\phi/100/\sqrt{3}$。

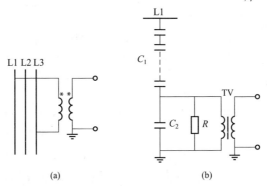

图 TYBZ01705002-1　电压互感器的单相式接线

(a) 接于两相间的 TA;(b) 单相电容分压式 TV

2. 电压互感器组成的 Vv 接线

由两台单相电压互感器组成的 Vv 接线如图 TYBZ01705002-2 所示。

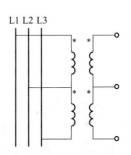

该接线被广泛用于小接地电流系统,特别是 10kV 三相系统的母线电压测量,因为它既能节省一台电压互感器又可满足所需的线电压,但不能测量相电压,也不能接绝缘监视仪表。这种接线,一次绕组不接地,二次绕组 V 相接地。其变比一般为 $U_{\phi\phi}/100$。

图 TYBZ01705002-2　TV 的 Vv 接线

3. 电压互感器的星形接线

图 TYBZ01705002-3 所示为两种电压互感器的星形接线,其中图 TYBZ01705002-3(a)为中性点接无消谐 TV 的星形接线,图 TYBZ01705002-3(b)为中性点接有消谐 TV 的星形接线。

该接线可提供相间电压和相对地电压(相电压)给测量、控制、保护以及自动装置等,其中图 TYBZ01705002-3(b)多用于小接地电流系统,电压互感器中性线通过消谐互感器接地,使系统发生接地时电压互感器上承受的电压不超过其正常运行值,起到消谐的作用。星形接线的电压互感器变比一般为 $U_\phi/100/\sqrt{3}$,中性点的消谐电压互感器变比为 $U_{\phi\phi}/100$。

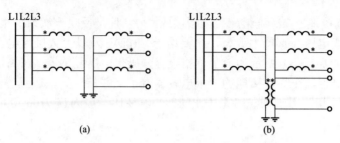

图 TYBZ01705002–3　电压互感器的星形接线

（a）中性点接无消谐 TV 的星形接线；（b）中性点接有消谐 TV 的星形接线

4. 电压互感器的开口三角形接线

电压互感器的三相绕组头尾相连，顺极性串联形成开口三角形接线，因此，开口三角形两端子间的电压为三相电压的相量和，即能够提供三倍的零序电压供给二次设备所需。在小接地电流系统中，当发生一相金属性接地时，未接地相电压上升为线电压，开口三角形两端子间的电压为非接地相对地电压的相量和。规定开口三角形两端子间的额定电压为 100V，所以各相辅助绕组的电压互感器变比为 $U_\phi/100/3$。在大接地电流系统中，当发生单相金属性接地故障时，未接地相电压基本未发生变化，仍为相电压。因规定开口三角形两端子间的额定电压为 100V，所以各相辅助二次绕组的电压互感器变比为 $U_\phi/100$。

5. 多绕组的三相电压互感器接线

由一个或多个星形接线作为主工作绕组、以开口三角形接线作为辅助工作绕组，构成多绕组的三相电压互感器接线，是电力系统中应用最为广泛的一种接线形式。图 TYBZ01705002–5 所示为三绕组电压互感器接线，即 $Y_0 / Y_0 / \triangle$ 接线。工作绕组可测量线电压和相对地电压、辅助绕组可提供零序电压，在小接地电流系统中一般用于对地的绝缘监察；在大接地电流系统中，可用于不对称接地保护，因而能够满足二次设备对各种电压的需求。在大接地电流系统中，该接线方式一般采用三个单相电压互感器构成。在小接地电流系统中，也可由三相五柱式电压互感器构成。

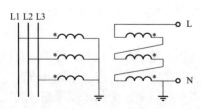

图 TYBZ01705002–4　电压互感器的三角形接线

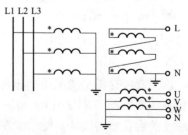

图 TYBZ01705002–5　电压互感器的 $Y_0 / Y_0 / \triangle$ 接线

二、电压互感器的一般配置

根据安装位置的不同，电压互感器有线路电压互感器和母线电压互感器。

（1）对于单母线（或单母线分段）、双母线的主接线，一般在母线上安装多绕组的三相电压互感器，作为保护和测量公用；如有需要，可增加专供计量的电压互感器绕组或安装计量专用的电压互感器组。在线路侧安装单相或两相电压互感器以供同期并联和重合闸判无压、判同期使用。其中，在小接地电流系统，应在线路侧装设两相式电压互感器或装一台电压互感器接线间电压。在大接地电流系统，一般在 U 相安装一只电容分压式电压互感器，以供同期并联和重合闸判无压、判同期使用用和载波通信公用。

（2）对于 3/2 形式的主接线，一般在线路（或变压器）侧安装三只电容分压式电压互感器，作为保护、测量和载波通信公用，而在母线上安装单相互感器以供同期并联和重合闸判无压、判同期使用。

（3）内桥接线的电压互感器可以安装在线路侧，也可以安装在母线上，一般不同时安装。

三、电压互感器二次回路接地

电压互感器二次回路的接地应严格按照 GB/T14285—2006《继电保护和电网安全自动装置技术规程》规定，其二次回路有且只允许有一点接地。

（1）变电站大接地电流系统应采用 N 相接地方式。

（2）为保证接地可靠，各电压互感器的中性线不得接有可能断开的断路器或熔断器等。

（3）对于 $Y_0 / Y_0 / \triangle$ 接线的母线电压互感器，接地点宜设在控制室内，来自电压互感器工作绕组的四根开关场引出线中的 N 线和电压互感器辅助绕组的两根开关场引出线中的 N 线必须分开，不得共用，引入到控制室后经一点接地。

（4）已在控制室一点接地的电压互感器二次线圈，必要时，可在开关场将二次线圈中性点经放电间隙或氧化锌阀片接地，应经常维护检查防止出现两点接地的情况。其击穿电流峰值应大于 30 倍的电网接地故障时通过变电站的可能最大接地电流有效值。

（5）对于和其他电压互感器二次回路没有电的联系的独立电压互感器，也可在开关场一点接地。

四、电压互感器二次回路的短路保护及反馈电压的防范措施

（1）运行中的电压互感器二次回路不允许短路，因此，必须在二次侧装设短路保护设备。

1）电压互感器二次回路的短路保护设备主要有快速熔断器和自动空气开关两种。根据二次回路所接的继电保护和自动装置的特性，对于 110kV 及以上、有可能

模块 2

TYBZ01705002

造成继电保护和自动装置不正确动作的场合，宜采用自动空气开关，而 66kV 及以下电压等级、没有接距离保护的电压互感器二次回路和测量装置专用的电压回路，宜首选简单方便的快速熔断器。

2）开口三角绕组不装设短路保护。正常情况时三相电压对称，三角形开口处电压为零，因此引出端子上没有电压。只有在系统发生接地故障时才有 3 倍零序电压出现。如果在引出端子上装设短路保护，即使该绕组发生短路故障，也只有很小的电流产生，不起任何作用。而且若因该保护本身出现故障造成开路也不易被发现，在发生接地故障时反而影响保护动作的可靠性。

3）电压互感器二次回路主回路的自动空气开关或熔断器通常安装在电压互感器端子箱内，端子箱内尽可能靠近电压互感器安装，以减小保护死区。

4）对主回路和分支回路的短路保护设备都应设有监视措施，当这些保护设备动作断开电压回路时，能够发出预告信号。

（2）在电压互感器停用或检修时，既需要断开电压互感器一次侧隔离开关，又需要切断电压互感器二次回路，以防止二次侧向一次侧反充电，在一次侧引起高电压，造成人身和设备事故。因此，在电压互感器二次回路必须采取技术措施防止反馈电压的产生。对于 N 相接地的电压互感器，除接地的 N 相外，其他各相引出端都应由该电压互感器隔离开关辅助动合触点控制，当电压互感器停电检修时，在断开一次侧隔离开关的同时，二次回路也自动断开。

【思考与练习】

1. 电压互感器的作用是什么？它在一次回路中如何连接？

2. 电压互感器二次回路的接地有什么要求？

3. 防止电压互感器二次回路短路的措施有哪些？

4. 电压互感器二次回路的接线主要有几种？各自的特点如何？各有什么用途？

模块 3　电压互感器二次回路并列与切换装置
（TYBZ01705003）

【模块描述】本模块介绍单母线分段固定式接线与双母线带切换接线电压互感器二次回路的并列与切换回。通过功能描述、图例讲解，了解并列与切换装置的构成原理及操作方式；熟悉当一次运行方式改变时，引入二次设备的电压如何保证始终与电压互感器二次回路一次电气运行方式相一致。

【正文】

一、母线电压互感器至二次电压小母线的电气连接

母线电压互感器作为提供保护、调节、测控用电压信号源的公用设备，通常设置公用电压小母线。每组母线电压互感器分别每个二次绕组、分别每个二次绕组的不同相别，把二次电压——对应地送到各电压小母线上，再通过电压小母线分送到各个电气单元的二次装置。

图 TYBZ01705003-1 所示为四绕组接线的 I 母线电压互感器与其二次电压小母线之间的典型连接。电压互感器二次侧有两个工作绕组和一个辅助绕组。其工作绕组 1 的三相电压从后缀数字标号为"601′"的各引出端引出，分别与数字标号为"630′"的各相电压小母线连接，为保护和测控装置提供交流电压源；工作绕组 2 的三相电压从后缀数字标号为"601′"的各引出端引出，分别与数字标号为"630′"的各相电压小母线连接，供给计量装置用交流电压源。辅助绕组从标号为"L601"的引出端引出，与数字标号为"L630"的电压小母线连接，为二次装置提供零序电压源。

同理，II 母线电压互感器二次绕组从引出端引出后，其工作绕组 1 与数字标号为"640"的各相电压小母线连接，工作绕组 2 与数字标号为"640′"的各相电压小母线连接。辅助绕组与数字标号为"L640"的电压小母线连接（图中未画出）。

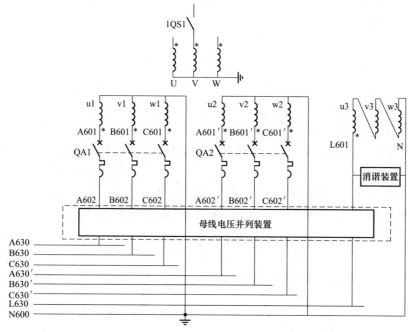

图 TYBZ01705003-1　母线（I 母）电压互感器接线

模块 3

TYBZ01705003

在上图中，各绕组引出端至各电压小母线之间所接元件分别是：

（1）在电压互感器两个工作绕组 601 与 602 以及 601′与 602′之间装设短路保护。接有距离保护时，短路保护宜为自动空气开关。但开口三角形辅助二次绕组不装设短路保护。

（2）开口三角形辅助二次绕组装设消谐装置（用于小接地电流系统中）。

（3）各绕组引出线除 N 相外，均经设在母线电压并列装置内的电压互感器隔离开关辅助触点重动继电器的控制。

另外，电压互感器二次侧采用中性点直接接地方式，各个二次绕组 N 相单独通过各自电缆线直接引入到控制室内电压小母线端子排。N600 作为公用接地小母线，其公共接地点设在控制室两组电压互感器引出线的汇集处，在该处一点接地。

二、电压互感器二次回路并列与切换装置的作用

当一次主接线为分段母线（含内桥接线）或双母线接线方式时，每段母线上装设一组电压互感器，用以测量该段母线的电压。相应地，二次电压小母线亦设置为两段。母线电压互感器二次回路并列装置与切换装置是为了满足下列两个需求而设置的。

（1）设置母线电压互感器二次回路并列装置满足两组母线电压互感器的互为备用，以确保交流电压小母线回路可以根据系统运行方式的需要，进行分列或并列。

（2）设置母线电压互感器二次回路切换装置确保各电气单元二次设备的电压回路随同一次元件一起投退。对于双母线系统上所连接的各电气元件，一次回路元件在哪一组母线上，二次电压回路应随同主接线一起进行切换到同一组母线上的电压互感器供电。

三、母线电压互感器二次并列回路原理接线

电压互感器二次回路并列装置具有电压互感器二次回路并列切换以及电压互感器二次回路投、退切换两种功能，对电压小母线的电压输入起控制作用。

1. 装置的基本构成

该装置由三部分组成，如图 TYBZ01705003-2 所示。其中 I 段母线 TV 隔离开关切换回路，由 1QS 的重动继电器组 1K 和 1QS 遥控操作继电器 1KL 组成；II 段母线 TV 切换回路，由 2QS 的重动继电器组 2K 和 2QS 的遥控操作继电器 2KL 组成；TV 并列输入切换回路，由操作继电器组 KCW 和遥控操作继电器 KL 以及母线电压并列转换开关 S 组成。遥控操作继电器 1KL、2KL 和 KL 是带磁保持的双组线圈继电器，一组为启动线圈，它励磁后，继电器动作并自保持，即使该线圈失电也不会返回，维持了隔离开关闭合状态；另一组为返回线圈，只有当返回线圈励磁，继电器才返回，维持了隔离开关断开状态。

母线电压并列转换开关 S 有三个固定位置，分别是"就地"、"禁止并列"和"遥控"位置。

2. 切换控制回路

电压互感器二次回路并列装置采用直流控制,有就地操作和遥控操作两种方式。

(1)电压互感器二次回路投、退控制。当Ⅰ段母线电压互感器 1TV 投入时,合上隔离开关 1QS,启动 1QS 的重动继电器组 1K,1K 串接在 1TV 二次回路的动合触点闭合,将Ⅰ母电压引至Ⅰ组电压小母线。当Ⅰ段母线电压互感器因故退出运行时,断开隔离开关 1QS,1K 继电器线圈失电,动合触点断开,切断Ⅰ母电压二次回路。同理,当Ⅱ段母线电压互感器 2TV 投入时,2QS 的重动继电器组 2K 启动,将Ⅱ母电压引至Ⅱ组电压小母线。当Ⅱ

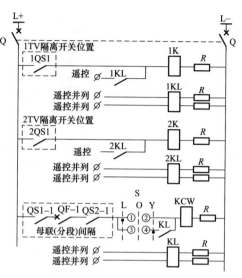

图 TYBZ01705003-2　电压互感器二次并列的直流控制回路

段母线电压互感器因故退出运行时,2K 继电器线圈失电,切断Ⅱ母电压二次回路。由此保证了当电压互感器停电检修时,在打开隔离开关的同时,二次接线也自动断开,防止由二次向一次侧反馈电压。

(2)电压互感器二次回路并列与分列控制。当运行方式为Ⅰ段母线与Ⅱ段母线并列运行时,母联(分段)断路器 QF 及两侧隔离开关 QS1、QS2 在合位,它们的动合辅助触点 QF-1 以及 QS1-1、QS2-1 闭合。此时可以通过母线电压并列转换开关 S 进行电压小母线的并列与分列操作。当切在"禁止并列"位置,其触点 1-2、3-4 均在断开,两组电压小母线在分列状态;当切在"就地"位置,其触点 1-2 接通、3-4 断开,继电器 KCW 启动,其并接在 1TV 和 2TV 二次回路之间的动合触点闭合,将Ⅰ母与Ⅱ母电压小母线连接在一起,实现Ⅰ母与Ⅱ母 TV 并列运行。当切在"遥控"位置,其触点 1-2 断开、3-4 接通,可进行远方操作。

采用带磁保持继电器的最大优点是,即使直流电源消失,继电器仍然保持在原来状态,确保交流电压回路正常。

当运行方式为Ⅰ段母线与Ⅱ段母线分列运行时,电压互感器二次不允许并列。此时母联(分段)断路器及两侧隔离开关的动合辅助触点 QF-1 以及 QS1-1、QS2-1 在断开位置,继电器 KCW 失电,其动合触点断开,切断Ⅰ母与Ⅱ母 TV 并列回路。此时母线电压并列转换开关 1QK 宜切在"禁止并列"位置。

经并列装置进行切换控制的母线电压互感器二次回路如图 TYBZ01705003-3 所示。

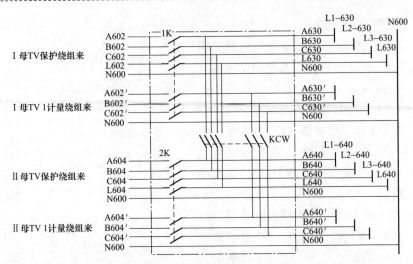

图 TYBZ01705003-3　母线电压互感器电压并列装置交流切换回路

四、电压二次回路切换装置的原理接线

各电气单元电压切换装置对小母线电压的输出进行控制。此时电压小母线相当于电压源，向各个电气单元二次设备输送交流电压。图 TYBZ01705003-4 示出了某电气单元的二次电压切换装置的直流控制回路，其余电气单元以此类推。

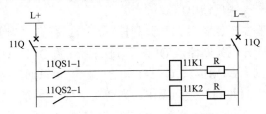

图 TYBZ01705003-4　各电气单元双母线电压切换装置的直流控制回路

电压切换装置是设置在每个电气单元保护屏上的操作继电器箱中，受各电气单元操作回路电源自动空气开关 Q 控制。上图中，11K1 是该电气单元第 I 组电压切换继电器，受 I 母线隔离开关辅助触点的控制、11K2 是第 II 组电压切换继电器，受 II 母线隔离开关辅助触点的控制。

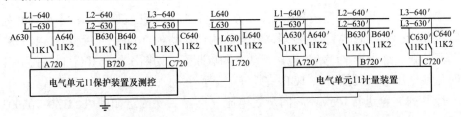

图 TYBZ01705003-5　双母线电压切换装置的交流电压回路

当该电气单元投在 I 母运行时,合上隔离开关 11QS1,其动合辅助触点 11QS1-1 闭合,启动 11K1,将 I 母电压 A630、B630、C630、L630 送至 A720、B720、C720、L720 回路供保护、测量装置采用;A630′、B630′、C630′、L630′送至 A720′、B720′、C720′,供计量装置采用。同理,当该电气单元投在II段母线运行时,合上隔离开关 11QS2,其动合辅助触点 11QS2-1 闭合,启动 11K2,将II母电压 A640、B640、C640、L640、送至 4 送至 A720、B720、C720、L720 供保护、测量装置采用。

母线电压切换装置的交流电压回路所示如图 TYBZ01705003-5,其余电气单元类同。

目前国内生产的母线电压切换装置,其电压切换继电器多采用由不带磁保持的和带磁保持的两种成组构成,将在相应电气单元的模块中以实例介绍。

【思考与练习】

1. 双母线接线的母线电压互感器二次回路为什么要设电压小母线?

2. 变电站母线电压互感器二次回路共有几个接地点?接地点设在何处?

3. 母线电压互感器电压并列装置的作用是什么?

第六章　6kV～35kV 开关柜的二次回路

模块 1　6kV～35kV 线路、母联（分段）开关柜的
二次回路（TYBZ01706001）

【模块描述】本模块介绍 6kV～35kV 线路、母联（分段）开关柜电流电压、断路器控制、带电显示、储能等二次回路。通过逐一对各部分接线图的图例分析，掌握 6kV～35kV 线路、母联（分段）开关柜回路原理与作用。

【正文】

6～35kV 小接地电流系统多采用户内布置的开关柜。开关柜就是将断路器、隔离开关、接地开关、避雷器、电流互感器、电压互感器、母线等高压电器设备，按照不同的用途分别组合在金属箱体内，根据不同的用途分为线路（出线）开关柜、母联（分段）开关柜、接地变压器（站用变压器）开关柜、电容器开关柜、电压互感器开关柜等。不同的开关柜装设的一次设备不同，与之对应的二次设备和二次回路也有所不同。

图 TYBZ01706001-1 所示的 6～35kV 线路开关柜装设的一次设备有小车式开关、母线、引线、电流互感器、避雷器、接地开关、带电显示器等，母联（分段）开关柜装设的一次设备和线路开关柜基本相同，一般不装设接地开关。

一、开关柜的交流电流电压回路

1. 开关柜的交流电流回路

线路、母联（分段）开关柜电流互感器二次绕组一般用三组，根据图 TYBZ01706001-1 所示，保护应接在准确度级别为 10P20 级（TA-3）绕组、测量接 0.5 级（TA-2）绕组、电能表计量接 0.2S 级（TA-1）绕组。图 TYBZ01706001-2 是 RCS9611C

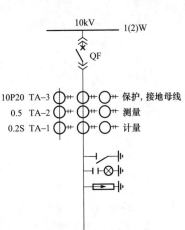

图 TYBZ01706001-1　线路开关柜一次接线图

型保护测控装置的交流电流回路接线图。图中计量和测量单元只引入 U、W 相电流；保护单元电流回路采用三相完全星形接线。WXJ196B 为小电流接地选线装置，接入零序电流。图中 2D 是计量单元端子排编号、11ID 是保护单元端子排编号，SD 为电流端子，11n 是保护测控装置背板端子编号。

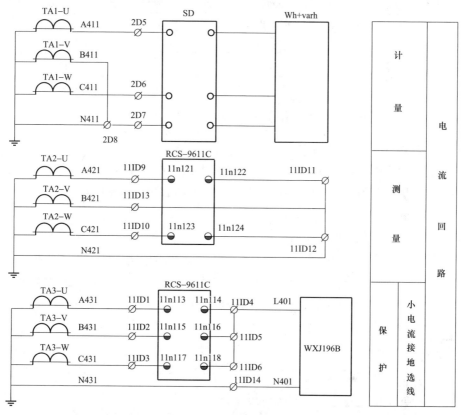

图 TYBZ01706001-2 RCS9611C 型保护测控装置的交流电流回路接线图

6～35kV 母联（分段）开关柜交流电流回路接线和线路开关柜相同，因不存在接地选线，所以没有小电流接地选线装置，端子 11ID14 和端子 11ID6 短接。

2. 开关柜的交流电压回路

图 TYBZ01706001-3 是 6～35kV 线路开关柜交流电压回路接线图。在这里保护和测量共用一组交流电压，其准确度级一般为 0.5 级，计量单独用一组电压，其准确度级一般为 0.2 级。两组电压分别取其所在母线电压互感器的电压小母线，经自动空气开关 11QA 与 12QA 控制送保护测控及计量。

6～35kV 母联（分段）开关柜交流电压回路接线和线路开关柜相同，若分段开关柜不装设电能表，则取消计量电压回路。

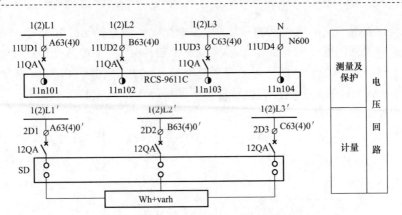

图 TYBZ01706001-3　线路开关柜交流电压回路接线图

二、开关柜的控制及信号回路

断路器的控制回路一般由跳合闸回路、防跳回路、位置信号等几部分组成。
RCS9611C 型保护测控装置的直流控制回路如图 TYBZ01706001-4 所示。

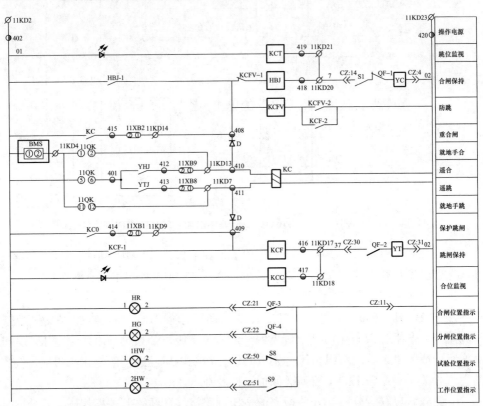

图 TYBZ01706001-4　RCS9611C 型保护测控装置的直流控制回路接线图

1. 断路器的手动分、合闸控制

断路器的手动分、合闸方式有就地与远方两种，由控制开关 11QK 控制。11QK 有就地合开关、就地分开关和远控三个位置。就地控制回路受电气编码锁 BMS 的闭锁，当满足操作条件时，BMS 的触点 1-2 闭合，开放就地操作电源。

断路器就地合闸时，控制开关 11QK 置就地合开关位置，其触点 1-2 闭合，启动断路器合闸线圈 YC，同时合闸保持继电器 HBJ 动作，其动合触点 HBJ-1 闭合，使合闸脉冲自保持，断路器合闸。同时，接在 YC 前的断路器动断辅助触点 QF-1 打开，切断合闸脉冲，使 HBJ 失电返回，完成合闸过程。

合后位置继电器 KL 是磁保持继电器，在进行合闸的同时，KL 的合闸线圈励磁，其动合触点闭合并自保持。它的动合触点 KL 与跳闸位置继电器的动合触点 KCT 串联作为不对应启动重合闸用。

断路器就地分闸时，控制开关 11QK 置于就地分开关位置，其触点 11-12 闭合，启动跳闸线圈 YT，同时继电器 KCF 动作，其动合触点 KCF-1 闭合，使跳闸脉冲自保持，断路器分闸。同时，接在 YT 前的断路器动合辅助触点 QF-2 打开，切断分闸脉冲，完成分闸过程。

在进行分闸的同时，KL 分闸线圈励磁，其动合触点断开并保持，直到其合闸线圈再次励磁。

断路器远方控制时，切换开关 11QK 置于远控位置，其触点 5-6 闭合，开放远控操作电源。在主控制室或集控中心发分、合闸命令，通过监控主机和网络传输到保护测控装置，由保护测控装置执行分、合闸操作。

当保护测控装置中的远方合闸继电器的触点 YHJ 闭合，经远控合闸出口连接片 11XB9 接通合闸回路，实现远方合闸操作。

当保护测控装置中的远方分闸继电器的触点 YTJ 闭合，经远控跳闸出口连接片 11XB8 接通跳闸回路，实现远方跳闸操作。

2. 断路器的自动分、合闸控制

断路器的自动分、合闸控制是由保护装置和重合闸装置实现的。当保护装置动作时，跳闸出口继电器 KCO 触点闭合，经跳闸出口连接片 11XBl 发出跳闸脉冲，断路器跳闸。断路器跳闸后 KCT 动作，此时断路器位置与控制开关位置（KL）不对应，重合闸启动。重合闸动作后，其出口继电器 KC 触点闭合，经重合闸出口连接片 11XB2 发出合闸脉冲，断路器合闸。

3. 断路器的防跳回路

电气防跳回路的核心是防跳继电器，在这里防跳由两个继电器来构成，KCF 作为电流启动继电器，KCFV 作为电压保持继电器。当手动合闸到故障线路，保护动作发出跳闸脉冲通过防跳继电器 KCF 的电流线圈，使 KCF 动作，其动合触点 KCF-1

闭合完成跳闸。另一对动合触点 KCF-2 闭合，启动防跳的电压保持继电器 KCFV，KCFV 动作并通过其动合触点 KCFV-2 自保持，其动断触点 KCFV-1 保持在打开状态，切断合闸回路，保证断路器跳闸后不会再合闸。

4. 断路器及小车开关的位置信号回路

在开关柜二次设备室面板上有 HR、HG、1HW 和 2HW 4 个信号灯，分别出断路器的动合辅助触点 QF-3、动断辅助触点 QF-4 及小车的行程限位开关 S8、S9 控制，指示断路器及小车开关的状态。HR 亮表示断路器在合闸状态，HG 亮表示断路器在分闸状态，1HW 亮表示小车开关在试验位置，2HW 亮表示小车开关在运行位置。

三、保护测控装置的开关量输入及信号回路

1. 保护测控装置开关量输入回路

保护测控装置的开关量输入有闭锁重合闸、投低周减载、弹簧未储能、信号复归、置检修状态及开关手车位置信号以及相邻保护柜上保护测控装置的输出信号，参见图 TYBZ01706001-5。

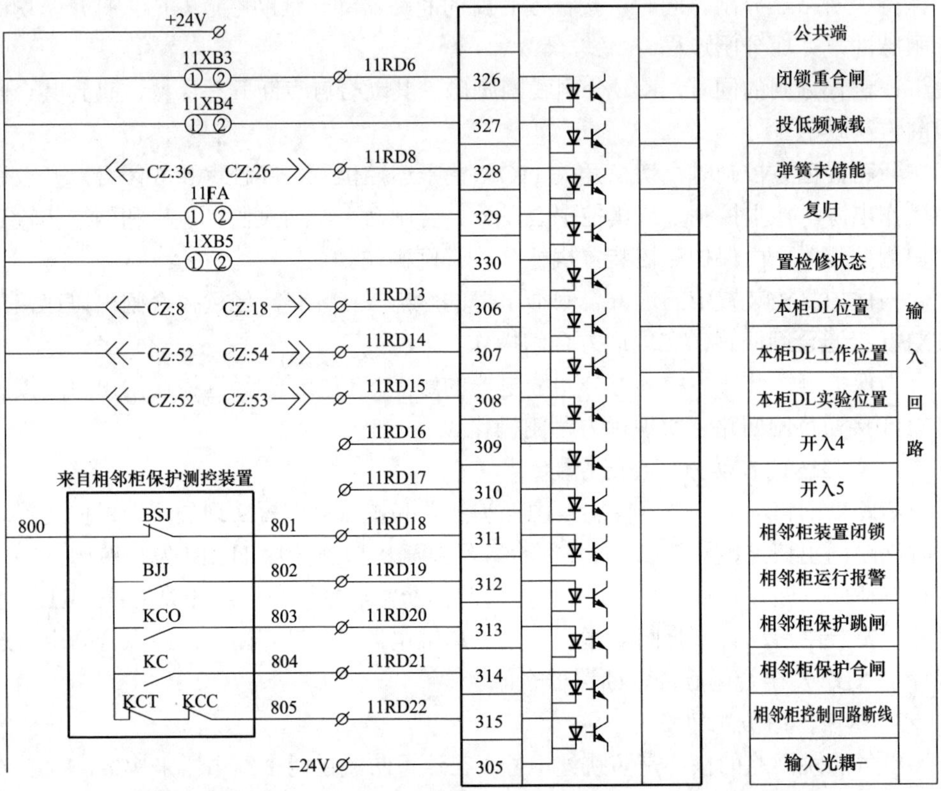

图 TYBZ01706001-5　线路、母联（分段）开关柜信号输入回路图

2. 保护测控装置信号输出回路

对于一体化的保护测控装置，其合闸、跳闸、装置告警、装置闭锁、控制回路断线等信号的输出一般有两种方式：一是通过网络口直接送到监控主机；二是以空接点方式送到公用测控装置再进入监控主机。图 TYBZ01706001-5 中保护测控装置的输出信号采用第二种方式，但考虑到减少公用测控装置开关量输入数量，保护测控装置信号采用环发方式接入公用测控装置，图中虚框内即是来自相邻开关柜上保护测控装置的输出信号。

四、开关柜的相关二次回路

1. 断路器操动机构储能电动机控制回路

目前断路器多采用弹簧储能操动机构，在操动机构中装有合闸弹簧，利用弹簧预先储备的能量作为断路器合闸的动力。为保证断路器的正常运行，合闸弹簧应时刻处于拉紧的储能状态。图 TYBZ01706001-6 是弹簧储能电动机的控制回路。

图 TYBZ01706001-6 中由自动空气开关 11Q 将电路接在交流操作电源上，在弹簧储能电动机的启动回路中，接入了弹簧未拉紧时闭合的限位触点 S1，只要是弹簧未拉紧到位，S1 就闭合，电动机便启动将弹簧拉紧储能。在断路器每次合闸后，弹簧都要重新储能。弹簧拉紧储能后，限位触点 S1 断开，切断电动机启动回路；限位触点 S2 闭合，将开关柜面板上装的合闸储能指示灯 HY 点亮，表示弹簧已储能。

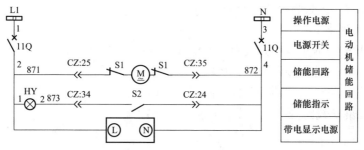

图 TYBZ01706001-6　开关柜弹簧储能及控制回路

2. 开关柜带电显示回路

开关柜带电显示回路如图 TYBZ01706001-7 所示。图中一次接线示意图画出了带电显示传感器在一次部分的接线位置。带电显示传感器采用电容分压的基本原理，将 U、V、W 三相的高电压降为低电压，通过带电显示器的 U、

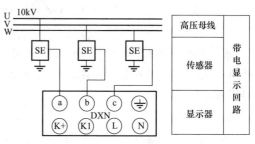

图 TYBZ01706001-7　开关柜带电显示回路

V、W 三相信号灯，在开关柜的面板上显示出线路是否有高电压。

3. 开关柜加热及照明回路

开关柜加热及照明回路如图 TYBZ01706001-8 所示。

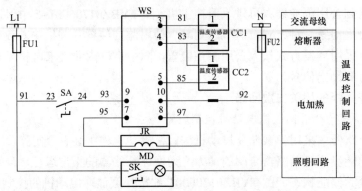

图 TYBZ01706001-8　开关柜加热及照明回路

图 TYBZ01706001-8 中，由熔断丝 FU1、FU2 将电路接在交流 220V 母线 L1、N 上，开关柜面板上的小开关 SA 控制柜内的加热器投入和撤除，当加热器投入时由温湿度控制器 WS 根据室温和湿度，在达到条件时将加热器接入电路中。通过调节电位器可以改变投入的温度和湿度。柜内的照明由开关柜柜门联动开关 SK 控制，当柜门打开时，接通照柜内的照明灯。

【思考与练习】

1. 画出 6～35kV 线路开关柜交流电流、电压回路接线图。

2. 说明 6～35kV 线路开关柜控制回路图原理。

3. 画出 6～35kV 线路开关柜储能回路图。

4. 6～35kV 线路开关柜小车位置信号有哪些？

模块 2　6kV～35kV 电容器开关柜的二次回路
（TYBZ01706002）

【模块描述】本模块介绍 6kV～35kV 电容器开关柜电流电压、断路器保护及控制回路。通过逐一对各部分接线图的图例分析，掌握 6kV～35kV 电容器开关柜回路原理和作用。

【正文】

6～35kV 电容器开关柜装设的一次设备有小车式开关、母线、引线、电流互感器、避雷器、接地开关、带电显示器等，和线路开关柜基本相同。图 TYBZ01706002-1

为电容器开关柜一次接线图。

电容器开关柜二次设备及二次回路与 6～35kV 线路开关柜基本相同，这里仅将其不同点作以说明。

一、开关柜的交流电流电压回路

6～35kV 电容器所用的电流互感器二次绕组一般用三组，一组供保护用，一组供测量用，一组供电能表计量用。图 TYBZ01706002–2 是电容器开关柜交流电流回路接线图。

图 TYBZ01706002–2 中 TA–1 为计量用电流互感器绕组，采用三相三线电能表，只接入 U、W 相电流；TA–2 为测量用电流互感器绕组，接入保护测控装置 RCS–9633C 的电流为 U、W 相电流；TA–3 为保护用电流互感器绕组，采用三相完全星形接线。

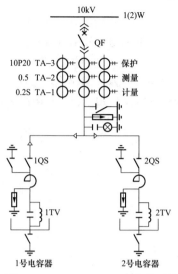

图 TYBZ01706002–1　电容器开关柜一次接线图

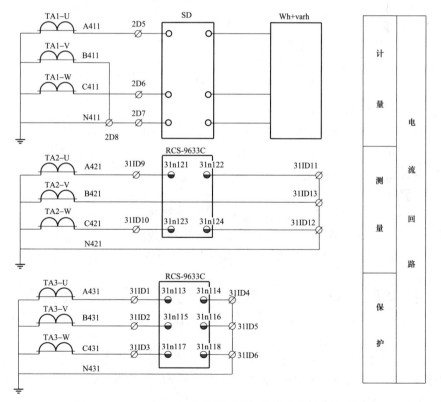

图 TYBZ01706002–2　电容器开关柜交流电流回路接线图

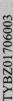

在图 TYBZ01706002–3 所示的 6～35kV 电容器开关柜交流电压回路接线图中，31QA 和 32QA 分别为保护测控装置与计量装置交流电压自动空气开关。

由于电容器保护的特殊要求，需要接入不平衡电压。不平衡电压引自电容器的零序电压滤序器，零序电压滤序器可以由与电容器并联的 1TV（2TV）三相次级绕组头尾顺极性串接组成，不平衡电压由端了 31UD5、31UD8 和 31UD7、31UD10 接入装置。

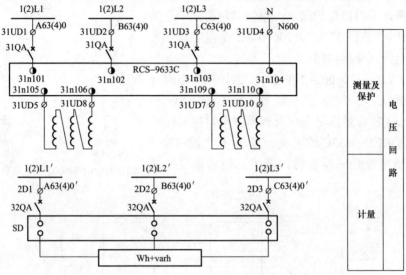

图 TYBZ01706002–3　6～35kV 电容器开关柜交流电压回路接线图

二、断路器控制及信号回路

电容器开关柜控制及信号回路与线路开关柜控制及信号回路基本相同，这里不再赘述。不同之处只是由于电力电容器如果发生故障，多为永久性故障，一般不考虑瞬时性故障，所以它的保护装置中不设重合闸。

【思考与练习】

1. 画出 6～35kV 电容器开关柜交流电流回路接线图。

2. 画出 6～35kV 电容器开关柜交流电压回路接线图。

3. 和线路开关柜比较，电容器开关柜电压回路有何不同？

模块 3　6kV～35kV 接地变压器开关柜的二次回路
（TYBZ01706003）

【模块描述】本模块介绍 6kV～35kV 接地变压器开关柜电流电压、断路器保护及控制等回路。通过逐一对各部分接线图的图例分析，掌握 6kV～35kV 接地变压器回路原理和作用。

【正文】

6～35kV 系统通常采用接地变压器经消弧线圈接地，以补偿不接地系统单相接地时的电容电流，接地变压器通常兼作站用变压器。6～35kV 接地变压器开关柜装设的一次设备有小车式开关、母线、引线、电流互感器、避雷器、接地开关、带电显示器等，和线路开关柜基本相同。图 TYBZ01706003-1 为接地变压器开关柜一次接线图。

图 TYBZ01706003-2 为某接地变压器开关柜电流回路图。图中保护测控装置型号为 RCS-9621C，其二次回路与电容器开关柜的二次回路基本相同，接地变压器开关柜的交流电流回路没有计量部分。

接地变压器开关柜电压回路与电容器开关柜的电压回路基本相同，它的交流电压回路没有不平衡电压的部分。

接地变压器开关柜的控制、信号回路及相关二次回路和线路开关柜也是完全相同，这里不再赘述。

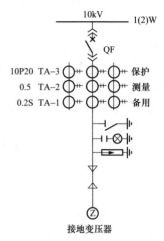

图 TYBZ01706003-1　6～35kV 接地变压器开关柜一次接线图

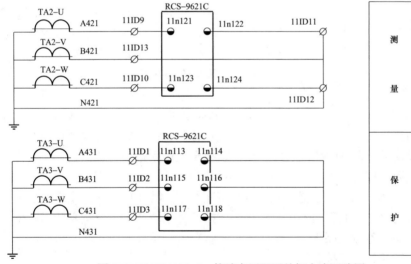

图 TYBZ01706003-2　接地变压器开关柜电流回路图

【思考与练习】

1. 画出 6～35kV 接地变开关柜交流电流回路接线图。

2. 画出 6～35kV 接地变开关柜交流电压回路接线图。

3. 说明 6～35kV 接地变开关柜控制回路原理。

模块 4 6kV～35kV 电压互感器的二次回路 (TYBZ01706004)

【模块描述】本模块介绍 6kV～35kV 电压互感器柜测量、计量、保护用电压回路接线原理及电压并列、二次消谐原理。通过逐一对各部分接线图的图例分析，掌握 6kV～35kV 电压互感器的二次回路接线和功能。

【正文】

6～35kV 系统多为单母线分段的接线方式，在每段母线上接一组电压互感器，用来测量该段母线的电压。电压互感器的二次一般有三组绕组，其中两组星形接线绕组中一组为保护和测量共用的，准确度级为 0.5 级；一组为计量专用的，准确度级为 0.2 级；另一绕组三角形接线，提供零序电压。每段母线的电压互感器装在一个开关柜中。

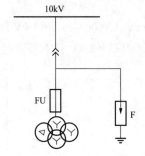

图 TYBZ01706004–1　电压互感器开关柜一次设备接线图

图 TYBZ01706004-1 为电压互感器开关柜一次设备接线图。高压熔断器与电压互感器置于小车中，小车的插接主触头相当于隔离开关的作用，在电压互感器检修时可以将小车拉出。

电压互感器开关柜与其他开关柜一样，也装设有小车开关位置指示、高压带电显示及加热与照明等回路，其接线与上述线路开关柜相同。

一、电压互感器开关柜二次回路接线

电压互感器开关柜二次回路接线如图 TYBZ01706004-2 所示。电压互感器的二次回路从二次绕组的接线柱上引出，经手车开关二次线插头、自动空气开关和电压互感器柜闸刀位置重动继电器 1GWJ、2GWJ 接点切换至电压回路小母线。自动空气开关作为交流电压回路控制和保护用。

HYR–4A 为微机消谐装置，接于开口三角绕组，其作用是防止系统发生单相接地时，因系统的对地电容的容抗总和等于所接各种线圈产生的感抗总和而产生铁磁谐振，对电器设备造成损坏。

二、电压并列装置控制回路

交流电压并列装置可实现两段交流电压小母线的手动并列和遥控并列。图 TYBZ01706004-3 是电压并列装置控制原理图。1GWJ、2GWJ 为组合继电器，由电压互感器Ⅰ、Ⅱ段位置接点 S9 控制，当电压互感器柜在运行位置时，1GWJ、2GWJ 动作，其动合接点闭合，将交流电压送到小母线。

手动并列时将 2QK 投入，遥控并列时 1QK 投入，通过控制 KL1 继电器实现远方并列。无论是手动并列或远方并列，电压并列装置受母联（分段）断路器控制，当Ⅰ、Ⅱ段高压母线分列运行时，母联（分段）断路器断开，电压并列装置中的 1K 继电器不启动，其动合触点打开，两段电压小母线也在分列运行状态。只有当Ⅰ、Ⅱ段高压母线并列运行，母联（分段）断路器及两侧隔离开关合上，分段位置接点 QS 接通投入 1QK 或 2QK 时，电压并列装置中的 1K 继电器才能启动，其动合触点闭合，将两段电压小母线对应接通，实现Ⅰ、Ⅱ段电压小母线 A630 与 A640 并列、A630'与 A640'并列。其他相以此类推，参见图 TYBZ01706004-2。

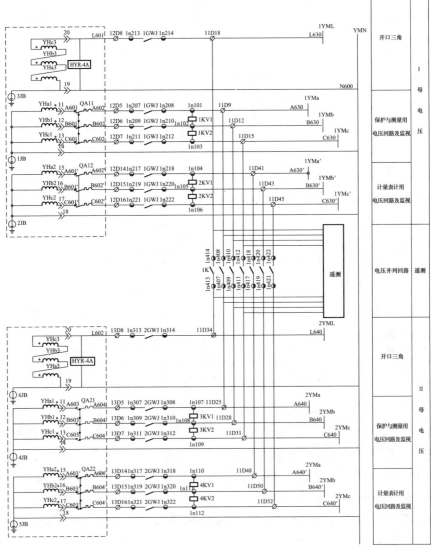

图 TYBZ01706004-2 电压互感器开关柜二次回路接线图

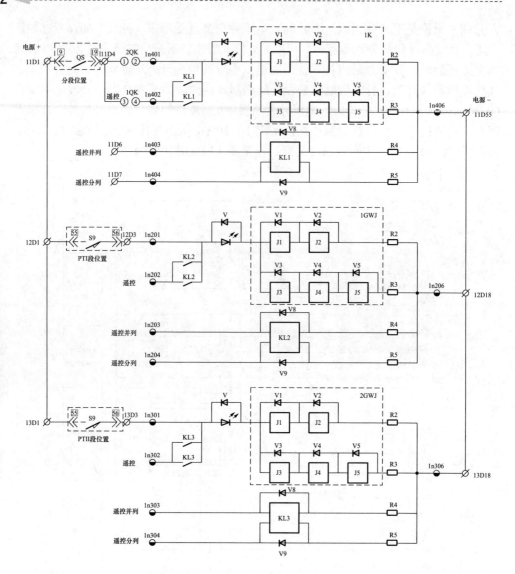

图 TYBZ01706004–3   电压并列装置控制原理图

三、电压互感器二次信号回路

在保护和计量Ⅰ母电压小母线上装有电压监视继电器 1KV1、1KV2、2KV1、2KV2，其动断触点并联发出保护Ⅰ母电压消失、计量Ⅰ母电压消失信号，图 TYBZ01706004–4 为电压互感器二次信号回路图。Ⅱ母同理，电压监视继电器为 3KV1、3KV2、4KV1、4KV2。

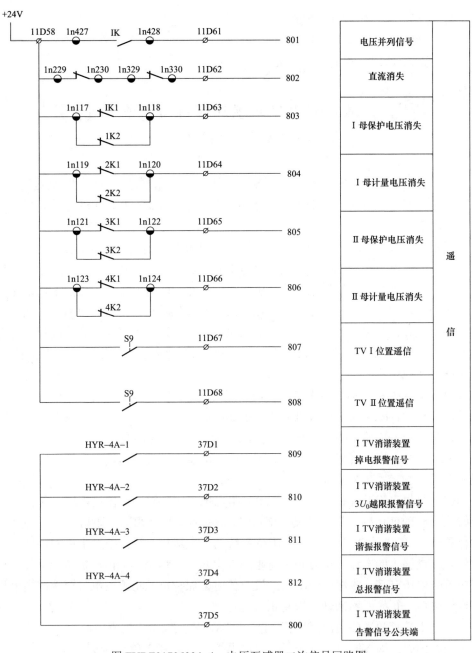

图 TYBZ01706004-4 电压互感器二次信号回路图

【思考与练习】

1. 画出电压互感器开关柜电压互感器二次接线图。

2. 说明电压并列装置控制原理。

3. 说明电压并列条件有哪些？

4. 说明电压监视继电器工作原理。

模块 5 6kV～35kV 消弧线圈自动调谐装置接线 （TYBZ01706005）

【模块描述】本模块介绍 6kV～35kV 消弧线圈自动调谐装置接线原理。通过逐一对各部分接线图的图例分析，掌握 6kV～35kV 消弧线圈自动调谐装置回路接线及其原理。

【正文】

目前我国 6～35kV 配电网大多采用中性点不接地运行方式，为了解决这种运行方式在系统发生单相接地时，因系统对地电容充放电而发生振荡，在健全相产生幅值很高的间隙性弧光接地过电压，会引起相间短路故障等问题，中性点不接地系统实际采用了接地变压器经消弧线圈接地方式。当发生单相接地时，由消弧线圈产生的感性电流补偿故障点的电容电流。消弧线圈自动调谐装置能够根据系统对地电容电流的大小，随时调整线圈电感量的大小，以达到合理补偿来消除弧光接地过电压。

一、系统组成

以 XHK–II–R 型消弧线圈自动调谐装置为例，说明消弧线圈自动调谐装置接线原理。XHK–II–R 构成原理如图 TYBZ01706005–1 所示，图中主要设备介绍如下。

（1）接地变压器 1TE、2TE。用于引出中性点，与地连通。

（2）中性点电压互感器 1TV、2TV。用来测量中性点电压。当中性点电压超过设定值时，判定系统为接地。

（3）阻尼电阻及保护单元 1R、2R。阻尼电阻用来限制谐振过电压，保护整套装置安全有效地运行。当系统发生谐振时，$X_C=X_L$，增加阻尼电阻可以保证中性点的位移电压 U 小于 15% 相电压，维持系统的正常运行。当系统发生单相接地时，中性点流过很大的电流，这时必须将阻尼电阻短接。这个功能由保护单元来完成，当中性点电压升高、零序电流增大到设定值时，保护单元将阻尼电阻短接；当单相接地消失后，短接回路断开，恢复正常运行。

（4）中性点的零序电流互感器 1TA、2TA。用来取得中性点电流。

（5）消弧线圈控制屏，安装了 2 台调谐器，可控制 2 台消弧线圈。

（6）调容消弧线圈 1LF、2LF。调容消弧线圈是一个带铁心的电感线圈，接在接地变压器的中性点上，其二次侧接有电容器组，如图 TYBZ01706005–2 所示。当系统发生单相接地时，流过线圈的电感性电流与流入接地点的电容性电流相位相

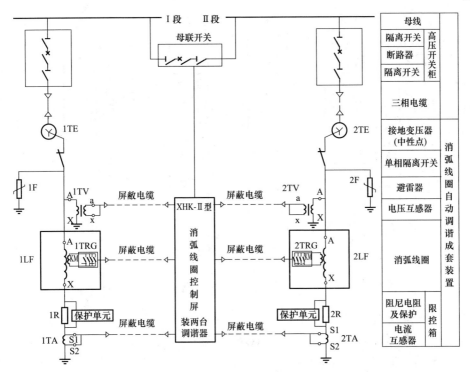

图 TYBZ01706005-1　消弧线圈自动调谐装置原理图

反，接地电弧中的残流即为电感性电流与电容性电流的差值。该装置即是通过控制真空断路器 QF1～QF4 的投退，调整二次侧的电容量，使残流达到最小值，从而消除接地过电压。

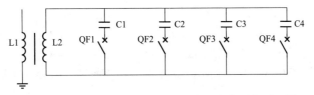

图 TYBZ01706005-2　调容式消弧线圈电容调节原理图

二、二次回路

1. 背板接线图

XHK-Ⅱ-R 型自动调谐装置的输入量有交直流电源、消弧线圈电流、中性点电压、分段开关辅助触点、消弧线圈挡位接点；输出量有调容输出接点、信号报警接点，参见图 TYBZ01706005-3　XHK-Ⅱ-R 型自动调谐装置背板端子原理图。

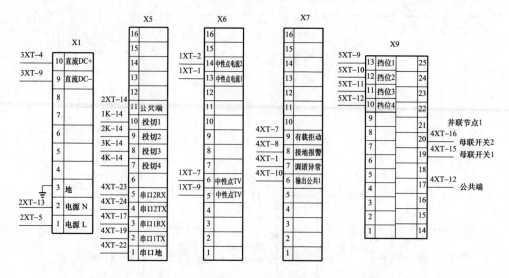

图 TYBZ01706005-3　XHK-Ⅱ型自动调谐装置背板端子原理图

2. 直流电源输入回路

正、负直流电源经直流电源开关 1QA 至装置端子 X1-10、X1-9 接入自动调谐装置，参见图 TYBZ01706005-4。

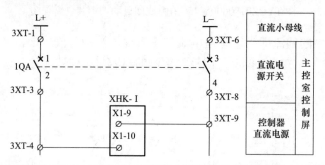

图 TYBZ01706005-4　XHK-Ⅱ型自动调谐装置直流电源输入原理图

3. 中性点电流、电压输入回路

中性点电压经交流自动空气开关 3QA 接入装置，中性点电流直接接入装置，参见图 TYBZ01706005-5。

4. 分段断路器辅助触点输入

分段断路器辅助触点输入作为母线并列、分裂运行判据。母线分列运行时，两台控制器各控制一台消弧线圈；母线并列运行时，两台控制器一台为主控，另一台为辅控。其输入原理参见图 TYBZ01706005-6，在 4XT-12 与 4XT-16 端子之间接入分段断路器动合辅助触点，当母线并列运行时，该辅助触点闭合。

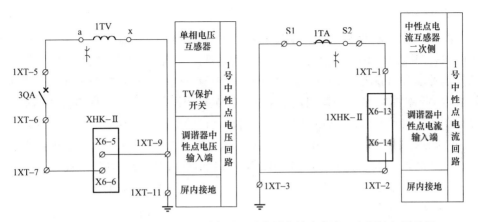

图 TYBZ01706005-5 XHK-Ⅱ型自动调谐装置中性点电流、电压输入原理图

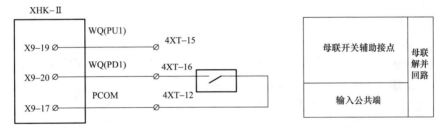

图 TYBZ01706005-6 XHK-Ⅱ型自动调谐装置分段开关辅助触点输入原理图

5. 消弧线圈挡位接点输入

调容式消弧线圈有 C1、C2、C3、C4 四组可调电容，由真空开关 QF1、QF2、QF3、QF4 进行自动投切。消弧线圈自动调谐装置根据接入线路电容电流大小，通过出口继电器 1KM、2KM、3KM、4KM 触点控制真空断路器投切电容器组（见图 TYBZ01706005-8）。同时，电容器组的投切情况通过出口继电器 1KM、2KM、3KM、4KM 触点开入自动调谐装置，其输入原理参见图 TYBZ01706005-7。

图 TYBZ01706005-7 XHK-Ⅱ型自动调谐装置消弧线圈档位接点输入原理图

6. 调容输出原理

图 TYBZ01706005-8 为 XHK-II-R 型自动调谐装置电容投切回路原理图。控制电源采用交流 220V，2HL 为交流电源指示灯，交流失去时发告警信号。系统单相接地时，自动调谐装置根据输入的中性点电流、电压大小判断补偿效果。若补偿效果达不到要求，自动调谐装置根据补偿情况投切调节电容，改变消弧线圈电感，使补偿效果达到要求。其动作原理为：自动调谐装置控制投切 1、投切 2、投切 3、投切 4 触点，投切触点启动中间继电器 11K、12K、13K、14K，中间继电器触点启动出口继电器 1KM、2KM、3KM、4KM，出口继电器接点控制真空开关 QF1、QF2、QF3、QF4 进行电容器投切，同时，1KM、2KM、3KM、4KM 接点作为挡位开关量开入自动调谐装置。

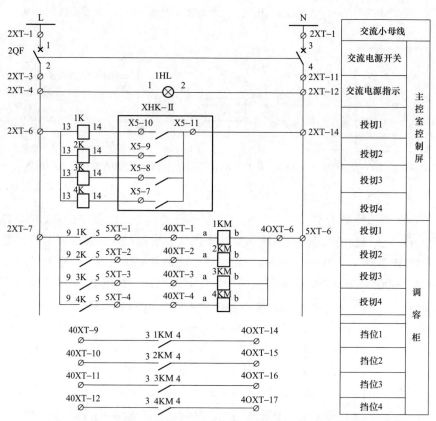

图 TYBZ01706005-8　XHK-II型自动调谐装置电容投切回路原理图

7. 信号报警及通信接口回路

自动调谐装置故障信号及状态信号通过遥信接入公共测控柜。故障信号有交流

失电、直流失电；状态信号有调谐器异常、有载拒动、接地报警。回路原理参见图
TYBZ01706005-9。

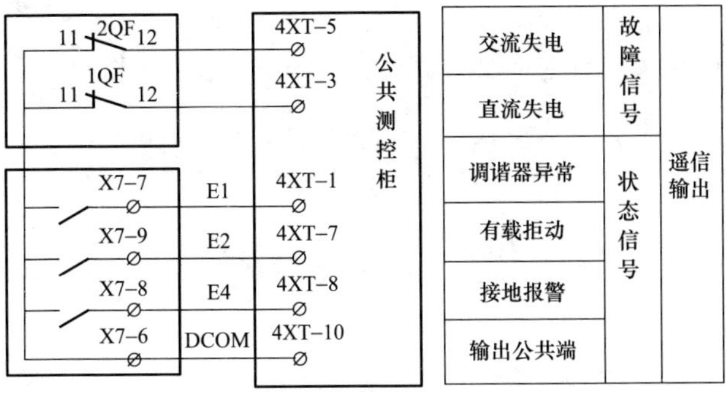

图 TYBZ01706005-9 XHK-Ⅱ型自动调谐装置信号报警回路图

【思考与练习】

1. 消弧线圈自动调谐装置输入量有哪些？
2. 画出消弧线圈自动调谐装置中性点电流、电压输入回路原理图。
3. 说明调容式消弧线圈工作原理。
4. 消弧线圈自动调谐装置输出信号有哪些？

模块
5

TYBZ01706005

第七章　220kV 组合电器（GIS）的二次回路

模块 1　一次主接线及操作联锁条件（TYBZ01707001）

【模块描述】本模块介绍双母线接线的 220kV 组合电器出线间隔、主变压器间隔、母联间隔和母线设备间隔中隔离开关、接地开关的操作联锁条件。通过要点归纳、图例分析，掌握其操作联锁要求。

【正文】

为防止发生误操作，在组合电器（GIS）中，对隔离开关、接地开关的操作采用电气联锁。主接线不同，各电气设备的联锁条件是不同的。这里介绍图 TYBZ01707001-1 中各设备的联锁条件。

图 TYBZ01707001-1 是由组合电器构成的 220kV 双母线一次主接线图，图中共有 7 个间隔，其中 2、5 为主变压器间隔；3、4 为电压互感器间隔；1、6 为 220kV 出线间隔；7 为母联间隔。以 QSF1 为例说明图中编号的含义，QSF 表示为快速隔离开关，1 表示在同一间隔同类设备的序号。

一、220kV 线路间隔联锁条件

以 1 号间隔为例，隔离开关、快速隔离开关、接地开关、快速接地开关进行分、合闸操作的联锁条件为：

Ⅰ 母侧快速隔离开关 QSF1：$QF \cdot QSF2 \cdot QE1 \cdot QE2 \cdot QEF=F3+\underline{QSF2 \cdot QF=F7 \cdot QS1=F7 \cdot QS2=F7}$

Ⅱ 母侧快速隔离开关 QSF2：$QF \cdot QSF1 \cdot QE1 \cdot QE2 \cdot QEF=F4+\underline{QSF1 \cdot QF=F7 \cdot QS1=F7 \cdot QS2=F7}$

线路侧隔离开关 QS3：$QF \cdot QE1 \cdot QE2 \cdot QEF$

母线侧接地开关 QE1：$QSF1 \cdot QSF2 \cdot QS3$

线路侧接地开关 QE2：$QSF1 \cdot QSF2 \cdot QS3$

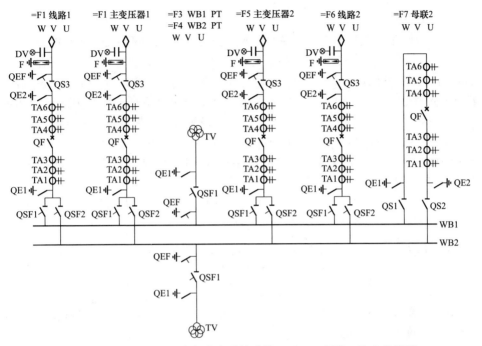

图 TYBZ01707001-1　由组合电器构成的 220kV 双母线一次主接线图

线路侧快速接地开关 QEF：QS3·DV

1. 以 I 母侧快速隔离开关 QSF1 联锁条件为例说明各符号意义

QF：表示断路器 QF 处于分闸位置（合闸位置表示为 QF）；

QSF2：表示闸刀 QSF2 处于分闸位置（合闸位置表示为 QSF2）；

QE1：表示母线侧接地开关 QE1 处于分闸位置（合闸位置表示为 QE1）；

QE2：表示线路侧接地开关 QE2 处于分闸位置（合闸位置表示为 QE2）；

QEF=F4：表示 F4（I 母电压互感器）单元的母线接地开关 QEF 处于分闸位置（合闸位置表示为 QEF=F4）；

QF=F7：表示 F7（母联）单元的母联开关 QF 处于合闸位置（分闸位置表示为 QF=F7）；

QS1=F7：表示 F7（母联）单元的 I 母隔离开关 QS1 处于合闸位置（分闸位置表示为 QS1=F7）；

QS2=F7：表示 F7（母联）单元的 II 母隔离开关 QS2 处于合闸位置（分闸位置表示为 QS2=F7）；

•：表示与逻辑关系；

+：表示或逻辑关系；

2. QSF1 的联锁条件说明

Ⅰ母侧快速隔离开关 QSF1 要进行分、合闸操作，断路器 QF 和Ⅱ母侧快速隔离开关、Ⅰ母电压互感器间隔快速接地开关 QEF 必须都处于分闸位置，或者Ⅱ母侧快速隔离开关 QSF2、母联开关 QF、母联隔离开关 QS1、QS2 都处于合闸位置，其操作回路才能接通，其中，第二个条件是为倒闸操作准备的。图 TYBZ01707001-2 为构成 QSF1 联锁条件的回路原理图，闭锁回路 M1N1 由断路器、隔离开关、接地开关辅助触点构成，其中 QFA、QFB、QFC 为断路器 QF 的 A、B、C 相动断辅助触点，M1N1 接入闸刀 QSF1 的操作回路中，参见模块 TYBZ01707004 中的图 TYBZ01707004-3。

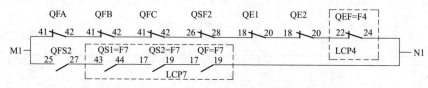

图 TYBZ01707001-2　构成 QSF1 联锁条件的回路图

其他类推，其中 DV 表示线路侧无电压信号，由高压带电显示闭锁装置的触点来实现，当线路无电压时此触点闭合。

二、变压器间隔联锁条件

以 2 号间隔为例，隔离开关、快速隔离开关、接地开关、快速接地开关进行分、合闸操作的联锁条件为：

Ⅰ母侧快速隔离开关 QSF1：QF·QSF2·QE1·QE2·QEF=F3+QSF2·QF=F7·QS1=F7·QS2=F7

Ⅱ母侧快速隔离开关 QSF2：QF·QSF1·QE1·QE2·QEF=F4+QSF1·QF=F7·QS1=F7·QS2=F7

主变压器侧隔离开关 QS3：QF·QE1·QE2·QEF

母线压器侧接地开关 QE1：QSF1·QSF2·QS3

主变压器侧接地开关 QE2：QSF1·QSF2·QS3

主变压器侧快速接地开关 QEF：QS3·DV

三、母联间隔联锁条件

Ⅰ母侧隔离开关 QS1：QF·QE1·QE2·QEF=F3

Ⅱ母侧隔离开关 QS2：QF·QE1·QE2·QEF=F4

Ⅰ母侧接地开关 ES1：QS1·QS2

Ⅱ母侧接地开关 ES2：QS1·QS2

四、电压互感器间隔联锁条件

以 3 号间隔为例，快速隔离开关、接地开关、快速接地开关进行分、合闸操作的联锁条件为：

快速隔离开关 QSF1：QEF•QE1；

快速接地开关 QEF：QSF1•QSF1=F1•QSF1=F2•QSF1=F5•QSF1=F6•QS1=F7；

接地开关 QE1：QSF1。

【思考与练习】

1. 请画出 220kV 线路间隔中快速隔离开关 QSF2 分、合闸操作的联锁条件。

2. 说明 220kV 主变压器间隔中隔离开关 QS3 分、合闸操作的联锁条件。

3. 写出母联间隔的隔离开关 QS1 分、合闸操作的联锁条件表达式。

4. 写出电压互感器间隔的快速接地开关 QEF 分、合闸操作的联锁条件表达式。

5. 分别画出上述构成回路的原理接线图。

模块 2　220kV 组合电器的交直流电源（TYBZ01707002）

【模块描述】本模块介绍双母线接线的 220kV 组合电器各间隔中断路器、隔离开关、接地开关等的交、直流电源接线原理。通过逐一对各部分接线图的图例分析，了解 220kV 组合电器交、直流电源回路接线。

【正文】

要保证组合电器的正常工作，必须对它的控制、储能、信号、加热及照明等回路提供可靠的交、直流电源。图 TYBZ01707002–1 是 220kV 组合电器主接线的交流电源环网接线图。图中 LCU1=F1～LCU7=F7 为与模块 TYBZ01707001 相一致的 7 个电气间隔的汇控柜编号，从图中可以看到，每个间隔的交流由环网供电。

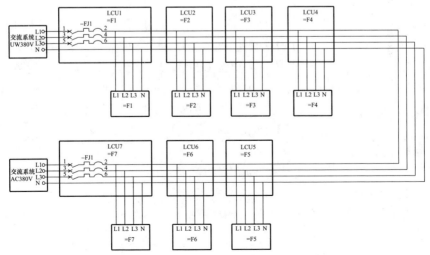

图 TYBZ01707002–1　220kV 组合电器主接线的交流电源环网接线图

各间隔经自动空气开关 Q1、Q2、Q4、Q7、Q8 从交流电源环网分出多路，如图 TYBZ01707002–2 所示。

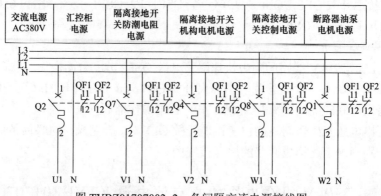

图 TYBZ01707002–2　各间隔交流电源接线图

各自动空气开关：

Q1：断路器油泵电机电源自动空气开关；

Q2：现场控制柜电源自动空气开关；

Q4：隔离开关、接地开关机构电机电源自动空气开关；

Q7：隔离开关、接地开关驱潮电阻电源自动空气开关；

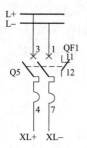

图 TYBZ01707002–3　各间隔
报警信号电源接线图

Q8：隔离开关、接地开关控制电源自动空气开关。

各自动空气开关的两对动断辅助触点，一对去就地信号报警回路、一对去监控信号报警回路，具体回路在后续相应模块中介绍。

每个间隔的直流供电亦采用环网供电。图 TYBZ01707002–3 所示为各间隔报警信号电源接线图，其中直流电源 L±经环网至各电气间隔，Q5 为各间隔报警信号电源自动空气开关，Q5 的一对辅助触点 11–12 去监控系统报警回路。报警信号具体回路在后续相应模块中介绍。

【思考与练习】

1. 试分析 220kV 组合电器交流电源接线的特点。

2. 画出 220kV 组合电器各间隔交流电源接线图。

3. 试画出 220kV 组合电器直流电源环网接线图。

模块 3 220kV 组合电器的断路器的控制回路（TYBZ01707003）

【模块描述】本模块介绍 220kV 组合电器中断路器的控制、储能、压力闭锁、位置指示、加热器等回路。通过逐一对各部分接线图的图例分析，掌握 220kV 组合电器中断路器二次回路接线和作用。

【正文】

一、断路器的跳合闸控制回路

组合电器中的断路器按其操作能源分，有液压操动机构、压缩空气操动机构和弹簧储能操动机构。这里介绍的是国内近期采用较多的液压弹簧储能操动机构断路器。

图 TYBZ01707003-1 中，断路器的控制回路直接由保护屏的操作电源供电，可对应模块 TYBZ01709001 中图 TYBZ01709001-1 和图 TYBZ01709001-3 中所示相应回路端子号。–SK1 为远方／就地转换开关，当–SK1 置于就地位置时，触点 1–2、5–6 接通，开放就地操作回路；触点 3–4、7–8、11–12、等触点断开，切断远方控制回路。当–SK1 置于远方位置时，3–4、7–8、11–12 等触点闭合，接通远方控制回路；触点 1–2、5–6 断开，切断就地操作回路。

1. 断路器的就地/远方操作

（1）断路器的就地操作。由就地操作开关–SM0 来完成。当进行就地合闸操作时，–SM0 的 1–2 触点闭合，启动合闸继电器–K6，–K6 触点闭合，分别接通断路器的 U、V、W 相合闸回路（图中仅给出 U 相合闸回路，V、W 相同 U 相），断路器三相合闸。当进行就地分闸操作时，–SM0 的 3–4 触点闭合，启动分闸继电器–K7，–K7 触点闭合，分别接通断路器的 U、V、W 相分闸回路（图中仅给出 U 相分闸回路，V、W 相同 U 相）和 U、V、W 相副分闸回路，断路器三相分闸。

（2）断路器的远方操作。正常运行时，将–SK1 置于远方位置，接通远方分、合闸控制回路，远方操作有远方三相分、合和远方单相分、合两种方式。

由主控制室的操作开关或测控装置的遥控开出触点，分别接通断路器的三相合闸回路（–X2:17）或三相分闸回路（–X2:29），启动合闸继电器–K6 或分闸继电器–K7，可实现断路器的远方三相分、合闸操作。

由自动装置或测控装置的遥控开出触点，通过端子–X2:19 可实现断路器的远方 U 相合闸操作；通过端子–X2:31 和端子–X2:37，直接接通断路器 U 相的主、副跳闸回路，实现断路器的远方 U 相分闸操作（U 相跳合闸回路可与模块 TYBZ01709001 中图 TYBZ01709001-3 和图 TYBZ01709001-5 联系在一起），其他两相同理。

模块 3

TYBZ01707003

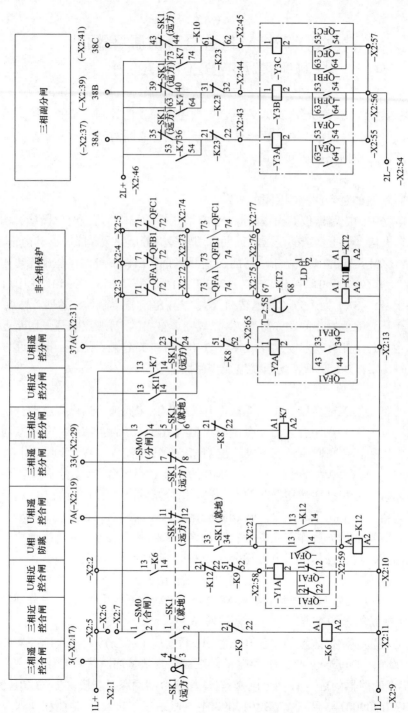

图 TYBZ01707003－1 断路器的跳、合闸回路

2. 断路器的合闸回路

当合闸继电器–K6 触点闭合或远方单相合闸继电器触点闭合时，合闸回路接通，满足合闸闭锁条件时，断路器合闸线圈–Y1A、–Y1B、–Y1C 励磁，使断路器合闸。其闭锁条件有：

（1）断路器防跳继电器–K12（U 相）、–K13（V 相）、–K14（W 相）在失磁状态，其动断触点 21–22 均在接通状态（图中仅画出 U 相）。

（2）合闸闭锁继电器–K9 在失磁状态，其动断触点 51–52、61–62、71–72 均在接通状态。

（3）断路器在分闸状态，其动断触点–QFA1/11–12、21–22，–QFB1/11–12、21–22，–QFC1/11–12、21–22 接通（图中仅画出 U 相）。

3. 断路器的分闸回路

当分闸继电器–K7 触点闭合或远方单相分闸继电器触点闭合时，分闸回路接通，满足分闸闭锁条件时，断路器分闸线圈–Y2A、–Y2B、–Y2C 励磁，使断路器分闸。其闭锁条件有：

（1）分闸闭锁继电器–K8 在失磁状态，其动断触点 51–52、61–62、71–72 均在接通状态。

（2）断路器在合闸状态，其动合触点–QFA1/33–34、43–44，–QFB1/33–34、43–44，–QFC1/33–34、43–44 接通。

4. 断路器的防跳回路

这里指的是断路器操动机构自带的防跳回路，以 U 相为例，–K12 是防跳辅助继电器。当对断路器发出合闸脉冲使断路器合闸后，若操作人员未及时使控制开关复归，或合闸继电器触点有卡住现象，因断路器动合辅助触点–QFA1/13–14 闭合，将启动防跳辅助继电器–K12、它的动合触点 13–14 闭合，使其保持动作状态，它的动断触点 21–22 断开，切断合闸回路，直至合闸的正电撤消，防跳继电器才会复归。由此可避免通常所说"断路器跳跃"现象的发生。

应注意该回路与保护屏上操作继电器箱中的防跳回路不允许同时投运。

5. 断路器的非全相保护回路

非全相保护是为防止断路器非全相运行而设置的，其判别回路由断路器三相动断辅助触点–QFA1/71–72、–QFB1/71–72、–QFC1/71–72 并联后和断路器三相动合辅助触点–QFA1/73–74、–QFB1/73–74、–QFC1/73–74 并联后串联构成。断路器非全相时，判别回路接通，正电源经压板–LD 启动时间继电器–KT2，–KT2 延时闭合触点 67–68 启动非全相跳闸继电器–K11，–K11 的动合触点 13–14、23–24、33–34 分别接通断路器 U、V、W 相跳闸回路，断路器三相跳闸。

二、断路器的压力降低闭锁回路

1. SF$_6$气体压力降低闭锁回路

图 TYBZ01707003–2 中，当断路器的 SF$_6$气体压力降低到闭锁值时，密度继电器–1GP2 的触点 5–6 闭合，启动压力降低闭锁继电器–K10。–K10 的动合触点 13–14、43–44 闭合，分别启动分闸闭锁继电器–K8 和合闸闭锁继电器–K9，–K8、–K9 的动断触点 51–52、61–62、71–72 打开，闭锁断路器的分相跳、合闸回路。–K8、–K9 的动断触点 21–22 打开，闭锁断路器的三相跳、合闸回路。

当断路器的 SF$_6$气体压力恢复正常，密度继电器–1GP2 的触点 5–6 打开，闭锁自动解除。

断路器副分闸回路 SF$_6$低气压闭锁原理相同，密度继电器触点为–1GP2 的 3–4 触点，压力降低闭锁继电器为–K22，分闸闭锁继电器为–K23。

2. 液压降低闭锁回路

断路器操动机构液压降低时，首先闭锁合闸回路，其次闭锁分闸回路。当液压降到合闸闭锁值时，压力继电器–PSY 的触点 51–52 闭合，启动合闸闭锁继电器–K9，–K9 的动断触点 51–52、61–62、71–72 和 21–22 打开，闭锁断路器的合闸回路。

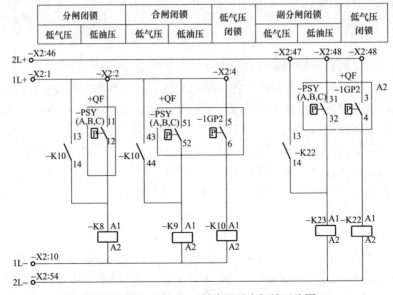

图 TYBZ01707003–2　断路器压力闭锁回路图

当液压继续降到分闸闭锁值时，压力继电器–PSY 的触点 11–12、31–32 闭合，启动分闸闭锁继电器–K8 和–K23，分别闭锁断路器的主分闸回路和断路器的副分闸回路。

三、断路器位置指示回路

在控制柜 LCP 面板的一次示意图中，设有断路器分、合闸位置指示灯，参见图 TYBZ01707003–3。回路电源取自空气开关 Q5 引入的信号报警电源 XL±，参见模块 TYBZ01707002。

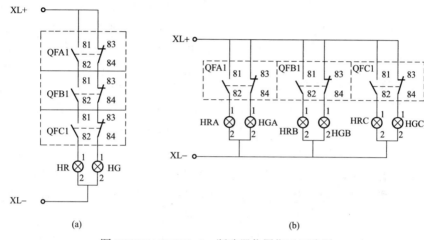

图 TYBZ01707003–3　断路器位置指示回路图

（a）三相位置的串联连接；（b）三相位置的并联连接

（1）断路器三相位置的串联连接。断路器处在合闸位置时，其辅助触点–QFA1、–QFB1、–QFC1 的动合辅助触点闭合，合闸位置指示灯 HR 点亮，指示断路器处于合闸状态。

断路器处在分闸位置时，其辅助触点–QFA1、–QFB1、–QFC1 的动断辅助触点闭合，分闸位置指示灯 HG 点亮，指示断路器处于分闸状态。

（2）断路器三相位置的并联连接。分别指示三相断路器的位置状况。

四、断路器的其他回路

1. 储能电机的控制与保护回路

U、V、W 相储能电机的启动与停止分别由交流接触器–KMA、–KMB、–KMC 来完成，参见图 TYBZ01707003–4。以 U 相为例，当压力低于打压启动值时，液压开关 PSYA 的触点 71–72 闭合，通过打压超时时间继电器–K1A 的动断触点 55–56，将交流接触器–KMA 励磁启动。–KMA 的动合触点 1–2、3–4 闭合，使电机带电运转，打压储能。当压力达到停止值后，PSYA 的触点 71–72 断开，使直流接触器–KMA 失磁返回，其动合触点打开，电机停止运转。

储能电机设有打压超时保护。储能电机在运转过程中，若遇到机械故障使电机

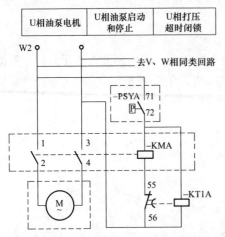

U相油泵电机	U相油泵启动和停止	U相打压超时闭锁

图 TYBZ01707003-4 断路器油泵电机回路图

长期运转，当超过一定时间，其打压超时时间继电器-KT1A的动断延时触点55-56断开，使直流接触器-KMA失磁返回，-KMA动合触点打开，电机停止运转。该回路电源取自自动空气开关Q1。

2. 加热器回路

在汇控柜、液压柜等处安装的加热器均由温度自动控制器-KW1、-KW2、-KW3控制，当温度降低到设定值时，其触点1-7、2-8闭合将加热器-RH1、-RH2、-RH3、-RH4投入。当温度升到设定值时，其触点返回将加热器回路断开。

3. 计数器回路

计数器有断路器动作计数器和油泵启动计数器。断路器操作时，其辅助触点-QFA1、-QFB1、-QFC1的动合触点10-19闭合，分别启动U、V、W相动作计数器-PC1A、-PC1B、-PC1C，记录断路器操作次数。

断路器打压时，启动油泵电机的交流接触器-KMA、-KMB、-KMC动合触点13-14闭合，分别启动U、V、W相动作计数器-PC2A、-PC2B、-PC2C，记录油泵电机打压次数。

上述回路参见图 TYBZ01707003-5，回路电源取自自动空气开关Q2。

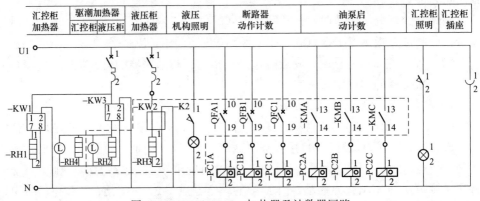

图 TYBZ01707003-5 加热器及计数器回路

【思考与练习】

1. 说明断路器防跳回路原理。

2. 画出断路器合闸回路图。

3. 画出断路器主、副分闸回路图。

4. 断路器的其他二次回路主要有哪些？

5. 说明断路器液压闭锁原理。

模块 4　220kV 组合电器的隔离开关、接地开关、快速接地开关的二次回路（TYBZ01707004）

【模块描述】本模块介绍 220kV 组合电器中隔离开关、接地开关、快速接地开关二次回路原理。通过逐一对各部分接线图的图例分析，掌握 220kV 组合电器中隔离开关、接地开关、快速接地开关的二次回路接线和原理。

【正文】

电动操作的隔离开关、接地开关、快速接地开关，需要控制电机的转动方向，从而完成开关的分、合闸操作过程。图 TYBZ01707004-1 是 220kV 组合电器中的串激式电动机操作回路图。该电机的操作电源 V2～N 取自汇控柜自动空气开关 Q4。当 KE 得电启动，交流电源 V2 从电机的 D1 端子接入，进行开关的合闸操作过程；当 KA 得电启动，交流电源 V2 从电机的 D2 端子接入。进行开关的分闸操作过程。

一、隔离开关的控制回路接线

1. 隔离开关的控制切换回路

隔离开关的控制切换回路的控制电源 U1～N 取自汇控柜自动空气开关 Q2。

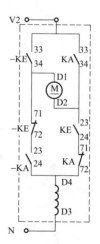

图 TYBZ01707004-1　220kV 组合电器中的串激式电动机操作回路图

（1）隔离开关的远方/就地控制回路。隔离开关远方/就地操作切换是由远方/就地切换开关-SK2 控制辅助继电器-K1、-K2、-K3、-K4 的动作与否来实现的，参见图 TYBZ01707004-2。远控时，-SK2 的接点 1-2 断开，诸继电器不动作。近控时，-SK2 的接点 1-2 闭合，诸继电器动作。其中-K1 用于本间隔正、副母线隔离开关的控制；-K2、-K3 和-K4 用于本间隔其他隔离或接地开关的控制。

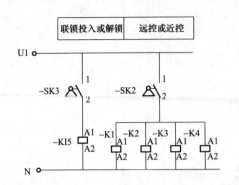

图 TYBZ01707004-2 隔离开关的控制切换回路

（2）隔离开关联锁投入/解除回路。隔离开关联锁投入/解除是由继电器 -K15 实现的。继电器 -K15 由联锁投入/解除切换开关 -SK3 控制。-SK3 置联锁投入时，其接点 1-2 断开，继电器 -K15 不动作，其动合触点 13-14 断开，联锁条件接入；-SK3 置联锁解除时，其 1-2 接点闭合，继电器 -K15 动作，其动合触点 13-14 接通，将联锁回路 M1N1 短接，联锁退出，参见图 TYBZ01707004-3 隔离开关的控制回路。

2. 隔离开关的分、合闸回路

隔离开关的分、合闸回路，其控制电源 W1～N 取自汇控柜自动空气开关 Q8。

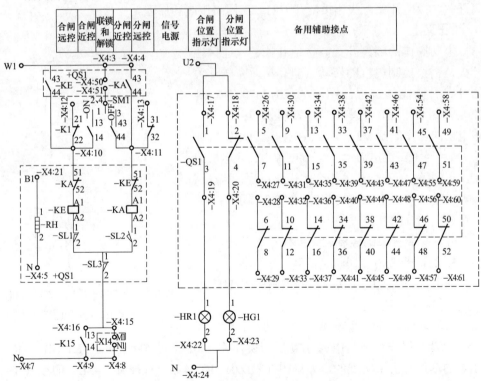

图 TYBZ01707004-3 隔离开关的控制回路

（1）隔离开关的就地操作。隔离开关的就地操作由控制开关 -SM1 来完成，此时应将远方/就地转换开关–SK2 置就地位置，继电器–K1 动作，其动合触点 13–14、43–44 闭合，分别开放合闸和分闸近控回路。

进行就地合闸操作时，操作开关 SM1 触点 1–4 闭合，接通隔离开关的合闸回路，合闸交流接触器–KE 动作，其触点 23–24、33–34 闭合，启动电机进行合闸；进行就地分闸操作时，操作开关 SM1 触点 2–3 闭合，接通隔离开关的分闸回路，分闸交流接触器–KA 动作，其触点 23–24、33–34 闭合，启动电机进行分闸。

（2）隔离开关的远方操作。将远方/就地转换开关–SK2 切在远方位置，继电器–K1 失电返回，其动断触点 21–22、31–32 闭合，分别开放合闸和分闸远控回路。

远方操作由安装在主控制室测控装置的遥控开出触点，接通隔离开关的合闸或分闸回路，分别启动合闸交流接触器–KE 或分闸交流接触器–KA，进行合、分闸操作。参见模块 TYBZ01709002 中的图 TYBZ01709002-5。

（3）隔离开关的合闸条件。当控制电源 W1 送至合闸回路端子–X4:10，满足以下合闸条件时，隔离开关的合闸接触器–KE 励磁，使隔离开关合闸。其合闸条件为：

1）隔离开关处于分闸状态，其动断行程开关–SL1 接点 1–2 闭合；
2）控制开关–SL3 在投入位置，其触点 1–2 接通；
3）隔离开关不在进行分闸操作，其分闸交流接触器–KA 的动断触电 51–52 闭合；
4）满足联锁条件，或联锁条件被解除。

当满足上述合闸条件，交流合闸接触器–KE 励磁，其动合触点 43–44 闭合使线圈自保持；其动合触点 23–24、33–34 闭合，操作电机向开关合闸的方向转动。当隔离开关合闸到位，其合闸行程开关–SL1 辅助触点 1–2 打开，将–KE 的线圈自保持回路切断，电机停止运转，完成合闸过程。

（4）隔离开关的分闸条件。当控制电源 W1 送至分闸回路端子–X4:11，满足分闸条件时，隔离开关的分闸接触器–KA 励磁，使隔离开关分闸。其分闸条件与合闸条件基本相同，不同之处只是隔离开关处于合闸状态，其行程开关–SL2 动合辅助触点 1–2 闭合。当交流分闸接触器–KA 励磁后，其动合触点 43–44 闭合使线圈自保持；其动合触点 23–24、33–34 闭合，操作电机向开关分闸的方向转动。当隔离开关分闸到位，其分闸行程开关–SL2 辅助触点 1–2 打开，将–KA 的线圈自保持回路切断，电机停止运转，完成合闸过程。

3. 隔离开关的其他回路

隔离开关的位置指示回路、加热回路与断路器的相同，这里不再叙述。

二、接地开关、快速接地开关的控制回路接线

接地开关的控制回路接线与隔离开关相同。快速接地开关采用弹簧操作机构，其控制原理和回路接线均与隔离开关的完全相同，控制回路中只有它们的联锁条件不同，不再介绍。

【思考与练习】

1. 画出隔离开关分、合闸回路图。
2. 隔离开关操作联锁是如何实现的？
3. 画出接地开关分、合闸回路图。

模块 5　220kV 组合电器的信号报警回路（TYBZ01707005）

【模块描述】本模块介绍 220kV 组合电器中 SF$_6$ 压力降低告警、断路器储能电机过流、过时告警、闸刀电机过流告警、电源开关跳闸告警等信号报警回路实现原理。通过逐一对各部分接线图的图例分析，掌握 220kV 组合电器中信号报警二次回路接线和功能。

【正文】

在组合电器的每个间隔中，都要将所需报警的信号触点去启动对应的重动继电器，由重动继电器的一对触点点亮就地显示信号灯，另一对触点送至测控装置的信号开入回路，在综合自动化系统的后台机或集控中心的监控机进行报警显示。图 TYBZ01707005-1 就地信号报警回路图，图 TYBZ01707005-2 是送至测控装置的信号报警回路图。

一、交流电源断电报警

当本间隔断路器油泵电机回路交流电源开关 Q1、汇控柜交流电源开关 Q2、闸刀操作电源开关 Q4、闸刀控制电源开关 Q8、闸刀驱潮电阻电源开关 Q7（参见图 TYBZ01707002-2）跳闸后，这些开关的动断辅助触点 11-12 闭合，点亮就地显示信号灯-HR1、-HR2、-HR3、-HR4、-HR5，另一组动断辅助触点 13-14 闭合，作为远方报警的信号开出，送至测控装置的信号采集开入回路。

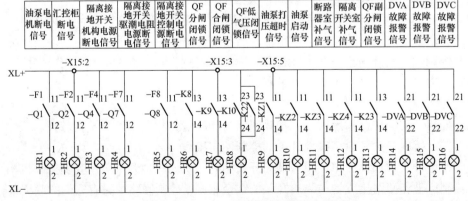

图 TYBZ01707005-1　就地信号报警回路原理图

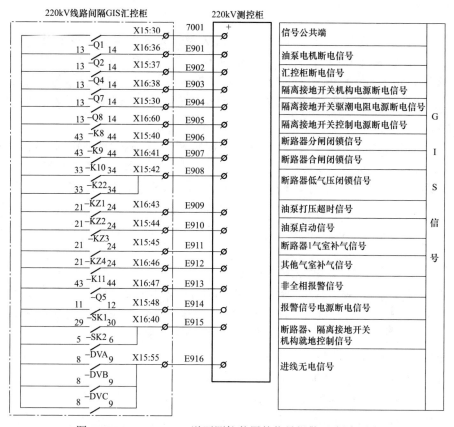

图 TYBZ01707005-2 送至测控装置的信号报警回路原理图

二、SF₆ 气体压力降低报警

（1）断路器气室 SF₆ 气体压力降至补气压力。当断路器气室 SF₆ 气体压力降低到 0.52MPa（20%）时，SF₆ 气体低压报警开关-1GP1 触点 1-2 闭合，启动重动继电器-KZ3，如图 TYBZ01707005-3 所示。重动继电器-KZ3 的动合触点 11-14 闭合，点亮就地显示信号灯-HR11，如图 TYBZ01707005-1 所示。重动继电器-KZ3 的动合触点 21-24 闭合，送至测控装置的信号采集开入回路，如图 TYBZ01707005-2 所示。

（2）隔离开关气室 SF₆ 气体压力降至补气压力。隔离开关气室 SF₆ 气体压力降低报警和断路器气室 SF₆ 气体压力降低报警原理相同。当 SF₆ 气体压力降低到 0.44MPa（20%）时，SF₆ 气体低压报警开关-2GP1、-3GP1、-4GP1、-5GP1、-6GP1、-7GP1、-8GP1、-9GP1、-10GP1 触点 1-2 闭合，启动重动继电器-KZ4。重动继电器-KZ4 的动合触点 11-14 闭合，点亮就地显示信号灯-HR12，重动继电器-KZ4 的动合触点 21-24 闭合，送至测控装置的信号采集开入回路。

（3）断路器气室 SF_6 气体压力降至闭锁压力。当断路器气室 SF_6 气体压力降低到 0.5MPa（20℃）时，SF_6 气体低压闭锁开关–1GP2 触点 5–6、3–4 闭合，分别启动重动继电器–K10 和–K22，如图 TYBZ01707003-2 所示。在闭锁分合闸回路的同时，重动继电器–K10 和–K22 的动合触点 23–24 闭合，点亮就地显示信号灯–HR8，同时重动继电器–K10 和–K22 的动合触点 33–34 闭合，送至测控装置的信号采集开入回路。

（4）断路器分、合闸闭锁信号。当 SF_6 气体压力降低闭锁动作或断路器操动机构液压低于分、合闸闭锁值时，分、合闭锁继电器–K8、–K9、–K23 动作，其动合触点 13–14 闭合，点亮就地显示信号灯–HR6（断路器分闸闭锁信号）、–HR7（断路器合闸闭锁信号）、–HR13（断路器副分闸闭锁信号），同时分、合闭锁继电器–K8、–K9、–K23 的动合触点 43–44 闭合，送至测控装置的信号采集开入回路。

三、线路带电显示装置故障报警信号

线路带电显示装置 DVA、DVB、DVC 故障时，其触点 21–22 接通，点亮就地显示信号灯–HR14、–HR15、–HR16，此外，带电显示装置 DVA、DVB、DVC 还输出"有电"或"无电"信号，送至测控装置的信号采集开入回路。

四、断路器油泵信号

1. 断路器油泵打压超时报警

断路器油泵打压超时时，时间继电器–KT1A、–KT1B、–KT1C 触点 67–68 闭合，启动重动继电器–KZ1。重动继电器–KZ1 的动合触点 11–14 闭合，点亮就地显示信号灯–HR9，同时重动继电器–KZ1 的动合触点 21–24 闭合，送至测控装置的信号采集开入回路。

2. 断路器油泵启动信号

断路器油泵启动时，交流接触器–KMA、–KMB、–KMC 触点 43–44 闭合，启动重动继电器–KZ2。重动继电器–KZ2 的动合触点 11–14 闭合，点亮就地显示信号灯–HR10，同时重动继电器–KZ2 的动合触点 21–24 闭合，送至测控装置的信号采集开入回路。

上述信号报警启动回路参见图 TYBZ01707005-3。

送至测控装置的信号还有非全相报警信号、报警信号电源断电信号、断路器就地信号、隔离开关就地信号等，如图 TYBZ01707005-2 所示。

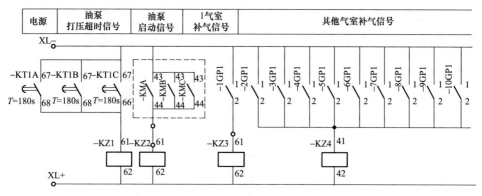

图 TYBZ01707005–3 信号报警启动回路原理图

【思考与练习】

1. 220kV 组合电气主要信号有哪些？

2. 画出油泵启动信号回路图。

3. 画出非全相报警信号原理图。

4. 画出断路器低气压闭锁信号原理图。

模块 6 220kV 组合电器电流互感器与电压互感器的二次回路（TYBZ01707006）

【模块描述】本模块介绍 220kV 组合电器中断路器测量、计量、保护用电流、电压互感器绕组二次接线原理。通过要点讲解、图例分析，熟悉 220kV 组合电器中电流互感器与电压互感器的二次回路原理。

【正文】

一、电流互感器的接线

图 TYBZ01707006–1 是某变电站 220kV 线路间隔电流互感器的绕组接线图；图 TYBZ01707006–2 是该线路间隔的电流互感器配置图。电流互感器的二次绕组共有 6 组，其中供保护及自动装置用的有 4 组，准确度级为 5P30，输出容量为 50VA。其中靠近母线侧的 TA1 和 TA2 供双套线路保护用、靠近线路侧的 TA5 和 TA6 供双套母线保护用。TA3 供测量回路用，准确度级为 0.5，输出容量为 40VA；TA4 供计量回路用，准确度级为 0.2，输出容量为 40VA。每组电流互感器有两个变比抽头，接 S1–S2 抽头时变比为 600 / 5，接 S1–S3 抽头时变比为 1200 / 5。电流互感器的一次端 P1 与二次端子 S1 为同极性端。

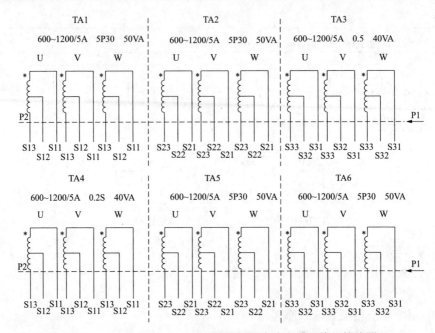

图 TYBZ01707006-1　220kV 线路间隔电流互感器绕组接线图

二、电压互感器的原理接线

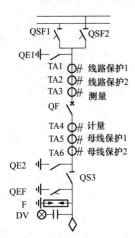

图 TYBZ01707006-2　电流
互感器配置图

图 TYBZ01707006-3 是 220kV 母线电压互感器绕组接线图。电压互感器的一次绕组为星形接线，每相电压为 220/$\sqrt{3}$ kV。二次绕组有 4 组，供计量回路用 1 组，接线为星形接线，每相电压为 0.1/$\sqrt{3}$ kV，准确度级为 0.2，输出容量为 75VA；供测量用 1 组，接线为星形接线，每相电压为 0.1/$\sqrt{3}$ kV，准确度级为 0.5，输出容量为 100VA；供保护用的有 2 组，一组为星形接线，每相电压为 0.1 / $\sqrt{3}$ kV，准确度级为 0.5，输出容量为 100VA；另一组为开口三角形接线，输出电压为 0.1kV，准确度级为 3P，输出容量为 150VA。

电压互感器的二次输出，三组星形接线绕组由空气断路器−QA10、−QA11、−QA12 控制，开口三角形绕组不经控制直接输出。电压互感器的二次输出均经隔离开关位置继电器的辅助触点引至电压小母线，详见模块 TYBZ01705003。

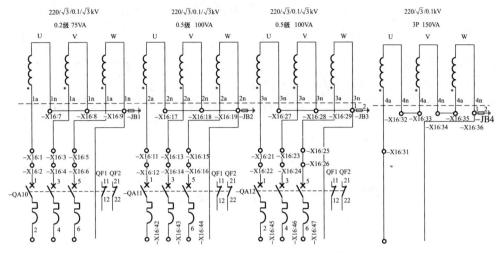

图 TYBZ01707006-3　电压互感器绕组接线图

【思考与练习】

1. 画出电流互感器二次接线图。

2. 画出电压互感器二次接线图。

3. 220kV 组合电器中电压互感器二次绕组有哪几组？准确等级如何要求的？

4. 220kV 组合电器中出线间隔电流互感器二次绕组有哪几组？准确等级如何要求的？

第八章 220kV 户外配电装置的二次回路

模块 1 220kV 户外断路器的二次回路
（TYBZ01708001）

【模块描述】本模块介绍 220kV 户外断路器常见的几种操作回路及控制回路。通过逐一对各部分接线图的图例分析，掌握 220kV 户外断路器二次回路接线和功能。

【正文】

220kV 的户外断路器有多种形式，按其灭弧介质分有多油、少油、真空、SF_6 及压缩空气断路器，按其操作能源分有气压、液压和弹簧储能断路器。这里以目前现场常用的弹簧操作机构和液压操动机构 SF_6 断路器为例，说明其二次回路原理。该断路器有主、副两组跳闸线圈，分接在两组直流电源，两组直流电源分别引自该单元保护屏操作电源 1L±、2L±。

一、LW35–252/T 断路器二次回路

LW35–252/T 断路器配置弹簧操动机构，是常用的户外高压电气设备。其工作介质是 SF_6。该断路器采用分相操作，其控制回路如图 TYBZ01708001–1 所示。图中以 V 相为例，U、W 相相同。

1. 合闸回路

SBT1 为远控、近控选择开关；SBT2 为就地合闸按钮；S1 为断路器动断辅助触点。

就地合闸时，SBT1 置就地位置，其触点 3–4 接通就地合闸正电源 1L+，按下合闸按钮 SBT2，其触点 1–2 接通，正电源经防跳继电器 K1 动断触点 21–22、SF_6 压力闭锁继电器 K3 动断触点 21–22、弹簧储能控制继电器 K5 动断触点 21–22、断路器辅助触点 S1 的 1–3 和 5–7 启动合闸线圈 YC，断路器合闸。

远方合闸时，SBT1 置远方位置，其触点 1–2 接通远方合闸正电源 7B，实现远方合闸。

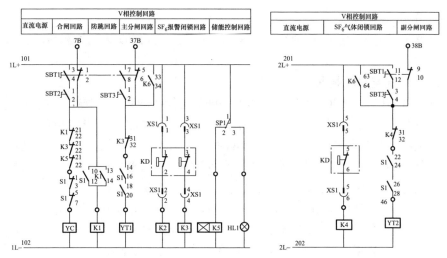

图 TYBZ01708001–1　LW35–252/T 合闸及主、副分闸原理图

2. 分闸回路

SBT3 为就地分闸按钮；YT1 为主分闸线圈、YT2 为副分闸线圈。

就地分闸时，SBT1 置就地位置，其触点 7–8、11–12 分别接通主、副分闸回路电源 1L+、2L+。按下分闸按钮 SBT3，其触点 1–2 接通，正电源 1L+经 SF$_6$ 压力闭锁继电器 K3 动断触点 31–32、断路器辅助触点 S1 的 14–16 和 18–20 启动主分闸线圈 YT1；同时，SBT3 触点 3–4 接通，正电源 2L+经 SF$_6$ 压力闭锁继电器 K4 动断触点 31–32、断路器辅助触点 S1 的 22–24 和 26–28 启动副分闸线圈 YT2，断路器分闸。

远方分闸时，SBT1 置远方位置，其触点 5–6、9–10 分别接通主、副分闸回路远方分闸正电源 37B 和 38B，实现远方分闸。

3. 防跳回路

K1 为防跳继电器。断路器合闸后，其动合触点 S1 的 10–12 闭合，只要合闸电源仍在，则 K1 将动作并经触点 13–14 自保持，其动断触点 21–22 断开，使合闸回路保持在断开状态，即使断路器跳开，也不可能再次合上，实现防跳。

4. 压力闭锁回路

压力闭锁回路包括 SF$_6$ 压力闭锁和弹簧未储能闭锁。

KD 为 SF$_6$ 气体密度继电器。当 SF$_6$ 气体密度下降到报警值时，KD 触点 1–2 闭合，启动气体压力报警继电器 K2，发 SF$_6$ 低气压报警信号。当 SF$_6$ 气体密度下降到闭锁值时，KD 触点 3–4 和 5–6 闭合，分别启动气体压力闭锁继电器 K3 和 K4。K3 动断触点 21–22 断开，切断合闸回路；K3 动断触点 31–32 断开，切断分闸回路，实现合闸和主分闸回路闭锁。同样，K4 动断触点 31–32 断开，切断副分闸回路，

TYBZ01708001

实现副分闸回路闭锁。

弹簧未储能时，储能控制继电器 K5 动作，其动断触点 21–22 断开，断路器不能合闸。

5. 弹簧储能电机控制回路

如图 TYBZ01708001–1 所示，SP1 为弹簧储能微动开关。弹簧已储能时，SP1 触点 1–3 接通，点亮弹簧已储能信号灯 HL1。弹簧未储能时，SP1 触点 1–2 接通，启动储能控制继电器 K5。K5 触点 43–44 接通，启动交流接触器 KM，接通电机回路，弹簧开始储能。储能到位后，SP1–2 断开，1–3 接通，K5 失电，交流接触器 KM 失电返回，电机回路断开，储能结束，参见图 TYBZ01708001–2。

交流接触器 KM 回路串有储能控制继电器 K5 的延时断开动断触点 55–56，其作用是储能超时断开交流接触器 KM 回路，强行结束储能。SP2 作用同 SP1，其触点 1–2、1–3 分别用来发合闸弹簧未储能和合闸弹簧已储能信号。

6. 非全相保护回路

非全相保护启动回路由 U、V、W 相断路器动断、动合辅助触点组合构成，KT 为非全相保护时间继电器，K6 为非全相保护出口继电器。断路器非全相时，启动回路接通，时间继电器 KT 动作，达到延时时间后，出口继电器 K6 动作，其动合触点 33–34、63–64 分别接通主、副分闸回路，开关跳闸。图 TYBZ01708001–3 为非全相保护回路。

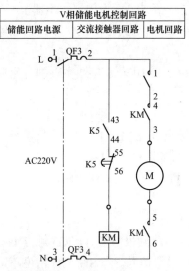

图 TYBZ01708001–2 LW35–252/T 储能电机回路原理图

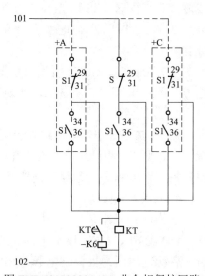

图 TYBZ01708001–3 非全相保护回路

7. 信号回路

信号回路如图 TYBZ01708001–4 所示。SF₆ 低压力告警信号由 K2 触点 33–34 开出，SF₆ 低压力闭锁信号由 K3 触点 43–44 开出，合闸弹簧储能超时信号由储能控制继电器 K5 触点 67–68 开出，断路器非全相动作信号由非全相保护出口继电器 K6 的触点 13–14、23–24 开出，弹簧储能信号和弹簧储能超时信号、远方控制信号等，均送到该单元测控装置。

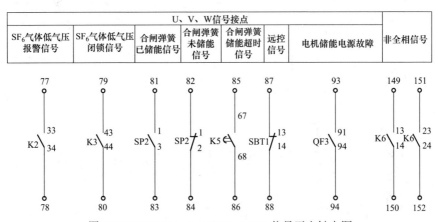

U、V、W信号接点								非全相信号	
SF₆气体低气压报警信号	SF₆气体低气压闭锁信号	合闸弹簧已储能信号	合闸弹簧未储能信号	合闸弹簧储能超时信号	远控信号		电机储能电源故障		

图 TYBZ01708001–4　LW35–252/T 信号开出触点图

二、LW10B–252 型 SF₆ 断路器二次回路

LW10B–252 型 SF₆ 断路器采用单柱单断口型式，灭弧断口不带并联电容器，使用 SF₆ 气体作为灭弧介质，液压操动机构可分相操作，实现单相自动重合闸；通过电气联动也可实现三相联动操作，实现三相自动重合闸。电气控制回路原理如下：

1. 合闸控制回路

SPT 为远、近控选择开关，由合闸按钮 SB1、SB2、SB3 输入的近控合闸命令或由 7A、7B、7C 输入的遥控合闸命令，分别使 U、V、W 相合闸电磁铁 K3 得电吸合，使断路器完成合闸动作。

L3 为合闸线圈保护器，KF 为防跳中间继电器，XB1 为防跳投入连接片，其防跳原理和 LW35–252/T 断路器相同。

2. 分闸控制回路

把选择开关 SPT 置相应的操作位置，主分闸回路 U、V、W 相分别由按钮 SB1、SB2、SB3 输入的近控分闸命令或由 37A、37B、37C 输入的遥控分闸命令，使分闸电磁铁 K1 得电吸合，使断路器完成分闸动作；副分闸回路 U、V、W 相分别由按钮 SB1、SB2、SB3 输入的近控分闸命令或由 38A、38B、38C 输入的遥控分闸命令，使分闸电磁铁 K2 得电吸合，使断路器完成分闸动作，图中未画出。

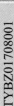

SB4 为近控分闸时选择主分或副分回路选择开关。L1、L2 分别为主、副分闸线圈保护器。

上述断路器跳合闸控制原理如图 TYBZ01708001-5 所示,副分闸回路未画出。

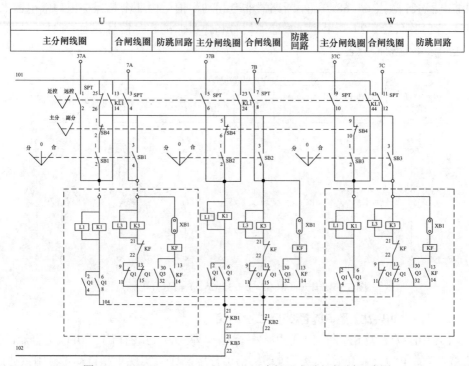

图 TYBZ01708001-5　LW10B-252 合闸及主分闸控制回路图

3. 低油压闭锁回路

图 TYBZ01708001-6 是 LW10B-252 压力闭锁回路图。

(1)重合闸低油压闭锁回路。当油压下降到重合闸闭锁值时,U、V、W 相压力开关 KP4 的触点 1-2 闭合,由接线端子 185、186 给出闭锁信号至重合闸装置。在压力上升过程中,当压力值升到重合闸闭锁解除油压时,触点 1-2 断开,重合闸闭锁解除。

(2)合闸低油压闭锁回路。当油压下降到合闸闭锁值时,U、V、W 相压力开关 KP3 的 1-2 触点闭合,启动合闸闭锁继电器 KB2,KB2 触点 21-22 断开合闸回路。在压力上升过程中,当压力值升到合闸闭锁解除油压时,闭合的触点断开,合闸闭锁解除。

(3)分闸低油压闭锁回路。当油压下降到分闸闭锁值时,U、V、W 相相压力开关 KP1 的 1-2 触点闭合,启动闭锁继电器 KB1,KB1 触点 21-22 断开主分闸回路、U、V、W 相压力开关 KP2 的 1–2 触点闭合，启动闭锁继电器 KB4，KB4 触点 21–22 断开副分闸回路。在压力上升过程中，当压力值升到分闸闭锁解除油压时，闭合的触点断开，分闸闭锁解除。

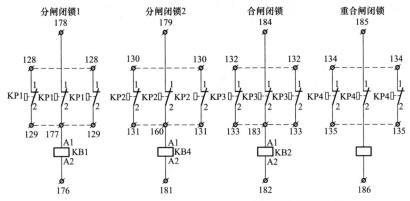

图 TYBZ01708001–6　LW10B–252 低油压闭锁回路图

4. SF₆低气压报警及闭锁回路

图 TYBZ01708001–7 是 LW10B–252 SF$_6$ 低气压报警及闭锁回路图。如因漏气使 SF$_6$ 气体压力降低到报警值时，漏气极的密度继电器的 KD1 触点闭合，由端子 188–191、187–190、189–192 分别给出 U、V、W 相 SF$_6$ 低气压报警信号；如 SF$_6$ 气体压力继续下降到闭锁值时，则漏气极的密度继电器的 KD2、KD3 触点闭合，启动 KB3、KB5 闭锁继电器。KB3 动断触点 21–22 断开合闸及主分闸回路；KB5 动断触点 21–22 断开副分闸回路。

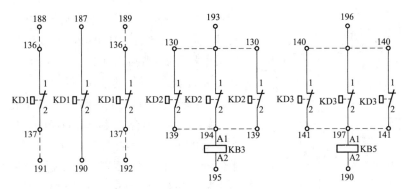

图 TYBZ01708001–7　LW10B–252 SF$_6$ 低气压报警及闭锁回路图

5. 非全相保护回路

断路器非全相时，时间继电器 KT1 动作，经延时后启动非全相出口继电器 KL1，

KL1 动合触点 13–14、23–24、43–44 闭合，分别接通断路器 U、V、W 相主分闸回路；KL1 动合触点 53–54、63–64、73–74 闭合，分别接通断路器 U、V、W 相副分闸回路，从而断路器跳闸。同时，KL1 触点 33–34、83–84、15–18 闭合发非全相动作信号，图 TYBZ01708001–8 为 LW10B–252 非全相保护回路图。

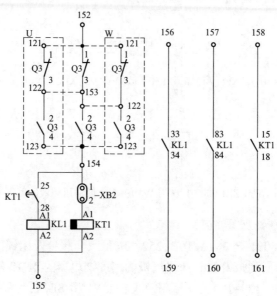

图 TYBZ01708001–8　LW10B–252 非全相保护回路

6. 油泵电机控制回路

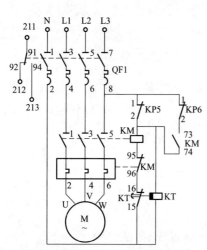

图 TYBZ01708001–9　LW10B–252
油泵电机控制回路图

机构箱内装有油泵电机，用三相交流电动机或直流电动机带动高压油泵储能，并由压力开关对其控制。图 TYBZ01708001–9 是 LW10B–252 油泵电机控制回路图，KP5、KP6 为油泵电机控制开关。当液压系统的油压不足额定油压或由额定油压降至电机启动油压时，压力开关 KP5 的动断触点 1–2 闭合，接触器的线圈 KM 得电并通过 KP6 的触点 1–2 回路自保持，电机启动，带动油泵打压储能，同时，KM 触点 63–64 闭合发电机打压信号；当油压上升到额定油压时，压力开关 KP6 的触点 1–2 断开，接触器失电返回，切除电机电源，储能结束。时间继电器 KT 的延时断开触点 15–16 与接触器 KM 线圈串接，用于打压超时断开 KM 启动回路，同时，KT 触点 25–28 闭合发打压超时信号。

7. 信号回路

断路器压力闭锁及油泵电机信号回路图如图 TYBZ01708001–10 所示。分别由上述继电器动作后开出空触点，送到该单元测控装置。

低油压分闸闭锁1	低油压合闸闭锁	SF₆低气压闭锁1	SF₆低气压闭锁2	低油压分闸闭锁2	打压超时信号			电机打压信号			远、近控信号	
					A	B	C	A	B	C		
162	163	164	165	166	201	199	202	207	205	208	211	212
13 KB1 14	13 KB2 14	13 KB3 14	13 KB5 14	13 KB4 14	25 KT 28	25 KT 28	25 KT 28	63 KM 64	63 KM 64	63 KM 64	29 SPT 30	23 SPT 24
167					203	200	204	209	206	210	213	

图 TYBZ01708001–10　LW10B–252 压力闭锁及油泵电机信号回路图

【思考与练习】

1. 画出 LW35–252/T 合闸回路图。

2. 画出 LW35–252/T 主、副分闸回路图。

3. 画出 LW10B–252 油泵电机控制回路图。

4. 说明弹簧操作机构断路器和液压操动机构断路器合闸回路各受哪些元件控制。

模块 2　220kV 隔离开关的二次回路（TYBZ01708002）

【模块描述】本模块介绍 220kV 隔离开关二次回路。通过逐一对各部分接线图的图例分析，掌握 220kV 隔离开关控制及操作回路原理和接线。

【正文】

220kV 隔离开关的合、分是通过电动机的双向旋转实现的。这里以三相交流操作的电动隔离开关为例，说明 220kV 隔离开关二次回路接线和原理。

三相交流操作隔离开关是通过改变三相交流电动机的相序，控制电动机的转动方向，从而完成隔离开关的分、合闸操作过程。隔离开关二次回路主要有电动机回路、控制回路和加热、照明回路。

一、隔离开关电动机回路

图 TYBZ01708002–1 是三相交流操作的隔离开关电动机回路原理接线图。图

TYBZ01708002-1 中所接的电气元件作用如下。

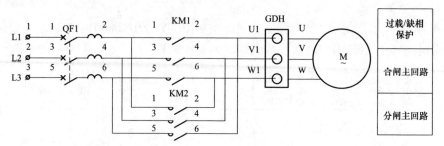

图 TYBZ01708002-1　三相交流操作的隔离开关电动机回路原理接线图

图中：

（1）QF1：电动机操作电源空气开关。

（2）KM1：合闸交流接触器。

（3）KM2：分闸交流接触器。

（4）GDH：电机过载、缺相保护。

（5）M：电动机。

KM1 动作，电动机启动，进行隔离开关合闸操作；KM2 动作，改变接入电机的电源相序，电动机反向转动，进行隔离开关分闸操作。电动机过载或电源缺相时，GDH 保护动作，切断分、合闸交流接触器电源（见图 TYBZ01708002-2），终止操作。

二、隔离开关控制回路

图 TYBZ01708002-2 是隔离开关控制回路原理接线图。图 TYBZ01708002-2 中所接的电气元件作用如下。

(1) QF2：控制电源空气开关。

(2) 4K：手动摇把操作电磁锁。

(3) SB1：合闸按钮。

(4) SB2：就地停止按钮。

(5) SB3：分闸按钮。

(6) SL1：合闸限位行程开关。

(7) SL2：分闸限位行程开关。

（8）QC：远、近控转换开关。QC 有手动、近控和远控三档。

就地手动操作隔离开关时，QC 置手动位置，QC 触点 12-11 闭合发手动操作信号；QC 触点 4-3 闭合，启动手动摇把操作电磁锁，开放手动操作。同时，4K 动断触点 31-32 断开，切断电动操作回路。

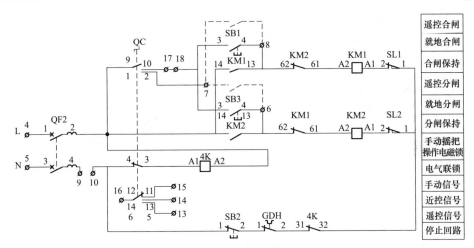

图 TYBZ01708002-2　隔离开关控制回路原理接线图

就地电动操作隔离开关时，QC 置近控位置，其触点 14-13 闭合发近控信号，触点 9-10 闭合接通就地操作电源。合闸时，按下 SB1 合闸按钮，交流接触器 KM1 动作并自保持。电动机正方向旋转，直到合闸到位，限位开关 SL1 断开，KM1 失电返回，隔离开关合上。分闸时，按下 SB3 分闸按钮，交流接触器 KM2 动作并自保持，改变电动机接入的相序，电动机反方向旋转，直到分闸到位，限位开关 SL2 断开，KM2 失电返回，隔离开关分闸。

在就地操作过程中，若遇到意外情况，可以按下 SB2 急停按钮，切断电源，终止操作。

在 KM1 的启动回路中串接了 KM2 的动断触点，在 KM2 的启动回路中串接了 KM1 的动断触点，使 KM1 与 KM2 的动作相互闭锁，防止合闸与分闸的同时操作。当操作过程中遇到机械故障，电动机的过载、缺相保护继电器 GDH 动作，其动断触点 1-2 打开，切断控制电源，终止操作。

在控制回路中，端子 9-10 之间为联锁条件，只有满足联锁条件，端子 9-10 接通，才能进行操作。

远方操作隔离开关时，QC 置远控位置，其触点 6-5 闭合发远控信号，触点 1-2 闭合接通远方操作电源。合、分闸命令由并接在就地合、分闸按钮上的测控柜执行继电器触点发出，回路原理和就地电动操作相同。

三、隔离开关加热器、照明二次回路

图 TYBZ01708002-3 是隔离开关加热器、照明二次回路原理图。图 TYBZ01708002-3 中所接的电气元件作用如下。

（1）QF3：电源空气开关。

（2）ST：温湿度控制器。

（3）EHD：加热器。

（4）EL：照明灯。

（5）SL3：灯控开关。

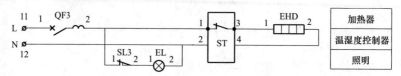

图 TYBZ01708002-3　隔离开关加热器、照明二次回路原理图

【思考与练习】

1. 隔离开关是如何实现分合闸操作的？

2. 隔离开关电机回路为何要加电机过载保护？

3. 画出三相交流操作的隔离开关控制回路原理接线图。

模块 3　220kV 隔离开关操作闭锁的二次回路
（TYBZ01708003）

【模块描述】 本模块介绍 220kV 隔离开关和断路器、隔离开关和接地闸刀的闭锁回路。通过要点归纳、图例分析，掌握隔离开关操作闭锁二次回路原理。

【正文】

为了防止带负荷拉、合隔离开关，防止带电合接地开关，必须对隔离开关和接地开关的操作设置闭锁。对于手动操作的隔离开关、接地开关，通常采用电磁锁闭锁方式。对于电动操作的，采用电气闭锁，即断开电源的方法来实现闭锁。操作闭锁回路的设置和一次接线方式有关，以下以双母线接线为例说明。

一、双母线接线的母联隔离开关及接地开关的操作闭锁回路

图 TYBZ01708003-1 是双母线接线的母联隔离开关及接地开关操作闭锁回路接线图。

其中，1QS、2QS 分别为Ⅰ、Ⅱ母隔离开关，1QE、2QE 为其接地开关，QF 为母联断路器。在这里，接地开关采用手动操作方式，隔离开关采用电动操作方式。

两组隔离开关操作闭锁开放条件是：母联断路器应在断开位置，两组接地开关应在断开位置。

两组接地开关操作闭锁开放条件是：两组隔离开关 1QS、2QS 应在断开位置并投入电磁锁电源空气开关 QF4。

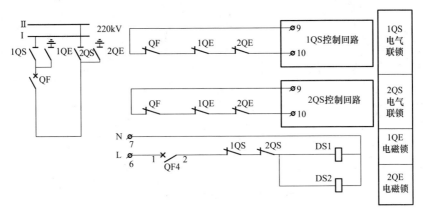

图 TYBZ01708003-1 双母线接线的母联隔离开关及接地开关操作闭锁接线图

二、双母线接线的线路间隔隔离开关及接地开关的操作闭锁回路

图 TYBZ01708003-2 是双母线接线的线路间隔隔离开关及接地开关操作闭锁接线图。图中，接地开关采用手动操作方式，隔离开关采用电动操作方式。

1QS、2QS 为 I、II 母隔离开关，2QE 为其接地开关，3QS 为线路侧隔离开关，31QE、32QE 为其接地开关，线路侧装有带电显示器 VD1，QF4 为电磁锁电源开关。

在双母线接线中，当母联断路器及两侧隔离开关在分闸位置，即两条母线在分列运行方式下，线路间隔母线隔离开关操作闭锁开放条件是：

（1）线路断路器应在断开位置。

（2）断路器两侧接地开关在断开位置。

（3）本单元接在两组母线上的隔离开关，其中一组隔离开关在断开位置。

满足以上条件时，则允许对另一组隔离开关进行操作。闭锁回路具体由线路断路器 U、V、W 相辅助触点 QFA、QFB、QFC，接地开关 2QE、31QE 动断辅助触点和一组隔离开关的动断辅助触点 2QS（或 1QS）串联组成。

当母联断路器及两侧隔离开关在合闸位置，即两条母线在并列运行方式下，根据电气闭锁只考虑本间隔元件，跨间隔闭锁依据微机五防实现的原则，本单元接在两组母线上的隔离开关操作闭锁开放条件为：当其中一组隔离开关在合闸位置，则允许另一组隔离开关进行操作。这是为在运行中的线路单元带电倒换母线创造条件。闭锁回路具体由 2QS（或 1QS）动合辅助触点，接地开关 2QE、31QE 动断辅助触点串联组成。

线路侧隔离开关的操作闭锁开放条件是：线路断路器与三组接地开关都在分闸位置。闭锁回路具体由线路断路器 U、V、W 相辅助触点 QFA、QFB、QFC，接地开关 2QE、31QE、32QE 动断辅助触点串联组成。

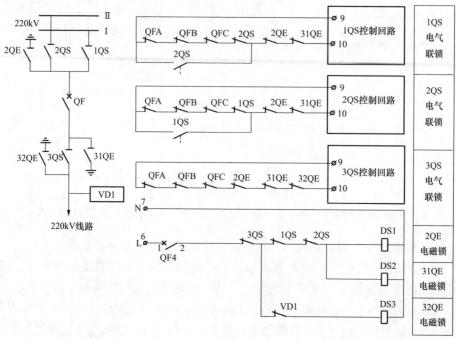

图 TYBZ01708003-2 双母线接线的线路间隔隔离开关及接地开关操作闭锁接线图

断路器两侧接地开关 2QE、31QE 操作的条件是：三组隔离开关在断开位置。在接地开关电磁锁回路中，由隔离开关 1QS、2QS、3QS 的动断辅助触点接通电磁锁 DS1、DS2，可以分别对接地开关 2QE、31QE 进行分、合闸操作。

线路侧接地开关 32QE 操作的条件是：线路隔离开关 3QS 在断开位置，其动断触点闭合，输电线路上确无电压，线路带电显示器的触点 VD1 闭合。此时接通 32QE 电磁锁 DS3，可以对接地开关 32QE 进行分、合闸操作。

对于其他不同的一次接线方式，根据对隔离开关和接地开关的操作条件，可以分别在操作回路实现其闭锁逻辑。

【思考与练习】

1. 画出双母线接线的母联隔离开关及接地开关操作闭锁接线图。

2. 画出双母线接线的线路隔离开关及接地开关操作闭锁接线图。

3. 说明双母线接线的母联隔离开关操作联锁条件。

4. 双母线接线的线路间隔接地开关的操作联锁条件有哪些？

国家电网公司
生产技能人员职业能力培训通用教材

第九章　220kV 线路的二次回路

模块
1

TYBZ01709001

模块 1　220kV 操作继电器装置的二次回路
（TYBZ01709001）

【模块描述】本模块详细介绍了操作继电器箱各中间继电器的功能及作用，通过逐一对各部分接线图的图例分析，熟悉断路器控制回路和电压切换回路的工作原理以及实际接线。

【正文】

220kV 操作继电器装置安装在与断路器对应的继电保护屏上，一般包括两大部分：断路器控制回路的基本操作元件以及电压切换回路的基本操作元件，用于实现对 220kV 线路断路器进行自动或手动操作以及双母线方式下母线电压互感器二次回路的切换功能。220kV 线路保护装置采取双重化配置，相应的，操作继电器装置的构成有两种形式，一种是在一个箱体内包含一个电压切换回路和两组直流控制回路，双套线路保护共用一只操作继电器箱；另一种是在一个箱体内包含一个电压切换回路和一组直流控制回路，双套线路保护各使用一只操作继电器箱，采用后一种方式要求交流电压回路应分别从电压互感器的两个工作绕组引入。可见，后一种形式是对"双重化"要求的进一步完善，回路的接线也更加简单明了。两种形式下直流电源的分配方式在模块 TYBZ01702001 中已介绍。本模块以 CZX-12R 型操作继电器装置（箱）为例，介绍前一种形式的母线电压切换回路以及断路器控制回路的典型接线。220kV 线路各模块中装置内部的文字符号均采用制造厂原设计图纸符号。

一、直流电源输入与监视回路

220kV 线路的保护装置采取双重化配置，因此，每条线路设置两块继电保护屏，CZX-12R 操作箱和第一套保护共同安装在其中的一块保护屏上。CZX-12R 型操作继电器装置包含两组分相跳闸回路和一组分相合闸回路，保护屏的直流电源分别取自两组控制电源小母线 1L± 和 2L±，一般从直流分配屏或本单元控制屏（测控屏）引入，其中第一组直流电源 1L± 经 1K 切换后作为操作电源送入操作继电器装置以及断路器控制柜，供给合闸回路以及第一组跳闸回路；第二组直流电源 2L±经 2K 切换后作为操作电源供给第二组跳闸回路。操作继电器装置的设备编号采用国家电网公司颁布的标准编号 4n。12JJ 为第一组直流电源消失报警继电器，2JJ 为第二组直流电源消失报警继电器。直流电源输入与监视回路如图 TYBZ01709001-1 所示。

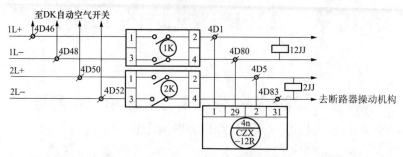

图 TYBZ01709001-1　CZX-12R 操作箱的直流电源输入与监视回路

二、合闸回路

合闸回路的操作电源引自第一组控制电源 1L±，其接线方式和工作原理如下所述。

1. 三相合闸启动回路

三相合闸启动回路包括手动合闸以及重合闸启动，如图 TYBZ01709001-2 所示。重合闸回路设置了重合闸重动继电器 ZHJ 和磁保持信号继电器 ZXJ 的动作线圈 ZXJ_1。其中虚框内的元件是同一线路保护的另一块屏上重合闸（称之为第二套重合闸）回路来，虚框外的元件是本屏重合闸（称之为第一套重合闸）回路来。当任一套重合闸装置送来的合闸触点闭合发出合闸脉冲时，ZHJ 和 ZXJ 继电器动作。手动合闸回路包括就地和远方手动合闸回路，合闸命令来自该线路测控柜。该回路设有手动合闸继电器组 SHJ。当进行就地合闸或远方合闸时，测控柜 1YK1 与 1YK9 端子之间的回路接通（详见模块 TYBZ01709002 中的图 TYBZ01709002-4），发出合闸脉冲，启动 SHJ 继电器组。

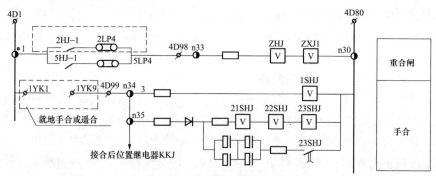

图 TYBZ01709001-2　三相合闸启动回路

　　SHJ 继电器组或 ZHJ 动作后各有三对动合触点闭合并被分别送到 U、V、W 三个分相合闸回路，分别启动断路器的分相合闸线圈。其中 21SHJ~23SHJ 动作后，其触点可分别送给保护及重合闸，作为"手合加速"、"手合放电"等用途。图中电阻与电容构成手动合闸脉冲展宽回路，用于保证当就地或远方手合到故障线路上时保护可加速跳闸。

　　2. 分相合闸回路

　　断路器的合闸命令最终是通过分相合闸回路发出至断路器合闸机构的。分相合闸回路由合闸线圈启动回路、跳位监视回路以及断路器防止跳跃自保持回路等三部分构成。以 U 相合闸回路为例，如图 TYBZ01709001-3 所示。虚框内操动机构的 DC220V± 操作电源从保护屏上操作电源开关 1K 引入，操动机构内的具体回路参见模块 TYBZ01707003 中的图 TYBZ01707003-1。

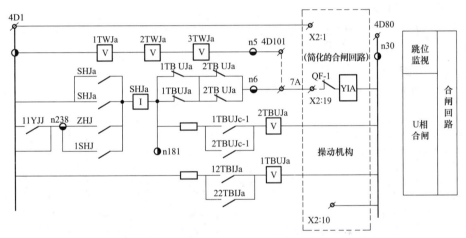

图 TYBZ01709001-3　U 相合闸回路

　　（1）合闸线圈启动回路。手动合闸继电器 1SHJ 和重合闸继电器 ZHJ 的动合触点并连接于断路器合闸线圈启动回路。当断路器处于分闸状态时，操动机构内断路器动断辅助触点 QF-1 处于闭合位置，一旦 1SHJ 或 ZHJ 的动合触点闭合，即启动断路器的 U 相合闸线圈，此时，SHJa 动作并通过其动合触点触点自保持，直到断路器完成合闸过程，断路器辅助触点 QF-1 断开合闸回路，SHJa 继电器才复归。

　　（2）跳闸位置监视回路。在断路器 U 相合闸回路中接有跳闸位置继电器 1TWJa~3TWJa，当断路器处于跳位时，1TWJa~3TWJa 动作，一是输出触点至有关信号回路指示断路器当前处在分位状态；二是可以监视断路器合闸回路的完好性，监视的具体范围视 4D101 连接到合闸回路的位置而定；三是输出触点到保护和重合闸装置完成一定的辅助功能，详情后述。

模块 1

TYBZ01709001

（3）防止断路器"跳跃"回路。在本装置中，设置了电流启动的跳闸保持继电器，其中 11TBIJa、12TBIJa 接在 U 相第一跳圈（21TBIJa、22TBIJa 接在 U 相第二跳圈），见图 TYBZ01709001-5。每当断路器跳闸时，跳闸电流通过诸 TBIJ 电流线圈使其启动，并保持到跳闸动作完成。而在合闸回路，设置了两个电压继电器 1TBUJa 和 2TBUJa，在这里我们把 1TBUJa 称为防跳启动继电器，把 2TBUJa 称为防跳保持继电器。当手合或重合到故障上断路器跳闸时，12（22）TBIJa 的动合触点闭合，启动防跳启动继电器 1TBUJa，1TBUaJ 动作后启动防跳保持继电器 2TBUJa，2TBUJa 通过其自身触点 2TBUJa-1 与 1TBUJa-1 并联，在合闸脉冲存在情况下自保持。于是 1TBUJa 和 2TBUJa 两组串入合闸回路 4n181 和 4n6 之间的动断触点断开，直至合闸脉冲消失，这样就可靠地起到了避免断路器多次跳合的作用。

V 相和 W 相合闸回路同 U 相。

三、跳闸回路

两组跳闸回路，在这里主要就其中第一组跳闸回路的接线方式及动作逻辑进行描述。

1. 三相跳闸启动回路

三相跳闸回路如图 TYBZ01709001-4 所示，其动作逻辑如下所述。

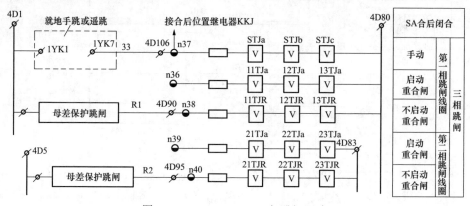

图 TYBZ01709001-4　三相跳闸回路

（1）手动跳闸。手动跳闸回路包括就地及远方手动跳闸回路，该回路设有手动跳闸继电器 STJa、STJb、STJc。当进行就地跳闸或远方跳闸时，测控柜上 1YK1 与 1YK7 端子之间的回路处于接通状态（详见图 TYBZ01709002-4），发出跳闸脉冲，手动跳闸继电器动作，各自送出动合触点去分相启动两组跳闸回路。

（2）三跳不启动重合闸。三跳不启动重合闸回路用于保护动作直接跳闸的方式。一般接外部保护动作启动线路断路器跳闸，例如当母差保护采用双重化配置时，第一组母差保护动作跳闸触点接在正电源与端子 4D90 之间，母差保护动作后启动继电器 11TJR～13TJR，一方面去启动第一组分相跳闸回路，跳开三相断路器，同时还要送出触点给重合闸放电回路、断路器失灵启动回路等。同理，21TJR～23TJR 由第二组母差保护动作启动。

（3）三跳启动重合闸。由于目前国内 220kV 线路采用单相重合闸方式，所以该回路通常不用。

2. 分相跳闸回路

220kV 线路的两组分相跳闸回路完全独立。图 TYBZ01709001-5 所示为第一组分相跳闸回路中 U 相跳闸回路，V、W 相同理。

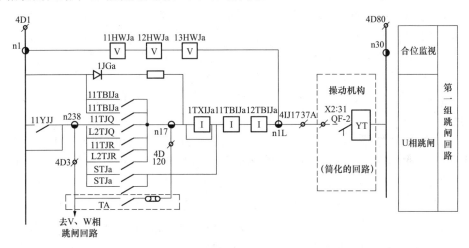

图 TYBZ01709001-5　U 相分相跳闸回路

分相跳闸回路由分相启动跳闸线圈及跳闸自保持回路、合位监视回路等组成。

（1）分相启动跳闸线圈及跳闸自保持回路。启动 U 相跳闸的回路如图 TYBZ01709001-5 所示，分别为三相跳闸回路过来的手动跳闸、三跳启动重合闸和三跳不启动重合闸以及第一套保护装置的 U 相出口跳闸四个启动回路。断路器处于合闸状态时，操动机构内的断路器动合辅助触点 QF-2 处于闭合位置，当任一路分相跳闸回路启动 U 相跳闸线圈时，U 相跳闸保持继电器 11TBIJa、12TBIJa 动作并由 11TBIJa 给出一对动合触点与保护出口继电器触点动合并联，实现自保持，直到断路器跳开，断路器辅助触点断开跳闸回路。跳闸保持继电器有两个功用，一是即使启动跳闸的继电器触点在辅助动合触点 QF-2 断开之前就复归，也不会由该触点来切断跳闸回路电流，从而保护了触点。二是 12TBIJa 动作后给出一对动合触点去启动防跳继电器 1TBUJa。

（2）合闸位置监视回路。在断路器分相跳闸回路中接有合闸位置继电器，当 U 相断路器处于合闸后位置时，断路器动合辅助触点 QF-2 闭合，11HWJa～13HWJa

动作。输出触点至有关信号回路指示 U 相断路器当前处在合位状态、表明从断路器机构箱过来的跳闸回路的完好性、并输出触点到保护回路，完成一定的辅助功能，详情后述。

（3）1JGa 为第一组跳圈 U 相的回路监视信号灯，可以直观地监视到整个 U 相跳闸回路的完好性。

另外，图中 1TXJa 是保护动作跳闸信号继电器，当采用图 TYBZ01709001–7 所示跳闸信号回路时，1TXJa 被短接不用。

四、控制开关位置状态输出回路

如图 TYBZ01709001–6 所示，该回路设置了双线圈磁保持的合后位置继电器 KKJ，用于模拟控制开关 SA 与断路器的实际位置"对应"与"不对应"状态。当手动合闸脉冲发出时，合后位置继电器 KKJ 的动作线圈被同时启动，并保持在动作状态。当手动跳闸脉冲发出时，接通合后位置继电器 KKJ 的返回线圈，则使其保持在返回状态。因此 KKJ 可代替常规变电站控制开关 SA 的合后闭合触点，完成以下功能：

（1）KKJ 动作后，其动合触点 KKJ–2 闭合，通过中间继电器 1ZJ 给出 SA 合后闭合触点，如果需要，该触点可与跳闸位置继电器的动合触点串联构成"不对应"启动重合闸。

（2）KKJ 返回后，其动断触点 KKJ–1 闭合，通过中间继电器 2ZJ 给出 SA 分后闭合触点，用于接通重合闸"放电"回路，满足下列两种情况下闭锁重合闸。其一是在断路器处于跳闸后状态时，用于禁止重合闸"充电"，以满足手合故障线路时，不允许重合闸的要求。其二是当运行人员进行远方或就地手动操作跳闸时，使重合闸"放电"，确保重合闸装置不动作。

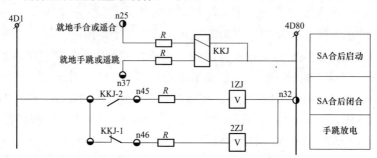

图 TYBZ01709001–6　控制开关位置状态输出回路

五、跳合闸信号回路

以第一组跳合闸信号回路为例，第一组跳闸线圈信号包括了分相跳闸信号和重合闸信号。如图 TYBZ01709001–7 所示，其工作原理如下所述。

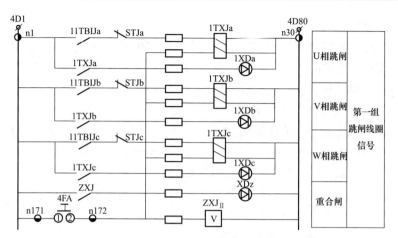

图 TYBZ01709001-7　第一组跳合闸信号回路

1. 跳闸信号

分相跳闸信号继电器没有直接串入分相跳闸启动回路，而是利用分相跳闸启动回路中的跳闸保持继电器动作启动。当保护跳闸时，串入分相跳闸回路中的 11TBIJa（或 11TBIJb、11TBIJc）动作，去启动相应相的磁保持继电器 1TXJa（或 1TXJb、1TXJc）的动作线圈。

该相继电器动作且自保持，一方面去启动信号灯回路 1XDa（或 1XDb 或 1XDc），另一方面向测控装置送出第一组出口跳闸遥信信号（图 TYBZ01709001-12 中的 907 回路），当按下保护装置面板上的复归按钮 4FA 时，磁保持继电器 TXJ 的复归线圈励磁，跳闸信号返回。

手动跳闸时不给出跳闸信号。

2. 重合闸信号

当自动重合闸时，磁保持继电器 ZXJ 的动作线圈励磁，继电器动作且自保持，见图 TBZ01709001-2。其一对动合触点闭合去起动面板上合闸信号灯 XDz，表示重合闸回路起动。当按下屏上复归按钮 4FA 时，磁保持继电器 ZXJ 的复归线圈 ZXJ$_{II}$ 励磁，重合闸信号复归。

第二组跳闸线圈信号回路仅包括分相跳闸信号。

六、压力闭锁回路

在继电器操作装置中设有压力闭锁回路，其功能包括：压力异常禁止重合闸、压力异常禁止合闸、压力异常禁止跳闸和压力异常禁止操作等。

由于反措要求采用断路器操动机构内自带的压力闭锁回路，在此不再赘述。但目前仍有应用"压力异常禁止重合闸"继电器 21YJJ 去重合闸闭锁回路，在模块 TYBZ01709003 中介绍。

120

七、交流电压切换回路

在一次系统为双母线接线方式下，要求各电气单元测控装置的交流电压回路能够随着一次运行方式的改变，自动切换到相应的电压小母线供电，以确保送入装置的电压能够正确反应一次系统运行状况。

1. 电压切换装置的基本构成

电压切换装置的基本构成如图 TYBZ01709001–8 所示。1YQJ1～1YQJ7 为第 I 组电压切换继电器，其中 1YQJ1～1YQJ3 是不带磁保持的，1YQJ4～1YQJ7 是带磁保持的；2YQJ1～2YQJ7 为第 II 组电压切换继电器，其中 2YQJ1～2YQJ3 是不带磁保持的，2YQJ4～2YQJ7 是带磁保持的。带磁保持的优点是当装置的交流电压切换回路在直流电源消失后，电压切换继电器不返回，仍保持原输出状态，可防止由于操作继电器直流消失造成的保护交流失压。

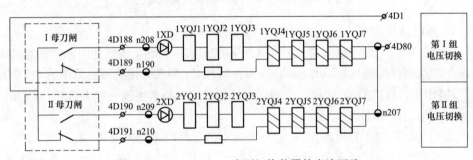

图 TYBZ01709001–8　电压切换装置的直流回路

2. 隔离刀闸辅助触点的接入方式

作为本单元电压回路切换，装置提供了两种方式：

（1）隔离开关可提供一动合、一动断两对辅助触点。当线路接在 I 母上时，I 母刀闸的动合辅助触点闭合，1YQJ1～1YQJ7 继电器动作。II 母刀闸的动合触点断开 2YQJ1～2YQJ3 继电器线圈正电源，使之返回，II 母刀闸的动断触点接通 2YQJ4～2YQJ7 复归线圈正电源，将其复位。此时，1XD 亮，指示保护装置的交流电压由 I 母 TV 接入。

当线路接在 II 母上时，II 母刀闸的动合辅助触点闭合，2YQJ1～7 继电器动作。I 母刀闸的动合触点断开 1YQJ1～1YQJ3 继电器线圈正电源，使之返回，I 母刀闸的动断触点接通 1YQJ4～1YQJ7 复归线圈正电源，将其复位。此时 2XD 亮，指示保护装置的交流电压由 II 母 TV 接入。

若操作箱直流电源消失，则自保持继电器触点状态不变，保护装置不会失压。

（2）若隔离开关只能提供一对动合辅助触点。此时只须将图中 4n208 与 4n210 相连，4n209 与 4n190 相连即可。

3. 电压切换装置的触点输出功能

（1）切换交流电压。采用带磁保持的电压切换继电器，如图 TYBZ01709001-9 所示。其中 I 母电压取自 I 母电压小母线"630"回路；II 母电压取自 II 母电压小母线"640"回路。经切换后的电压为"720"回路，直接引入测控屏，进入保护装置的电压是经过自动空气开关作短路保护的"722"回路。RCS 系列的线路保护已不需要引入开口三角电压，故 L720 和 Sa720a 不再接入装置中。对于仍需要接入开口三角（零序）L 相电压的装置，要注意验证接入零序电压极性的正确性。

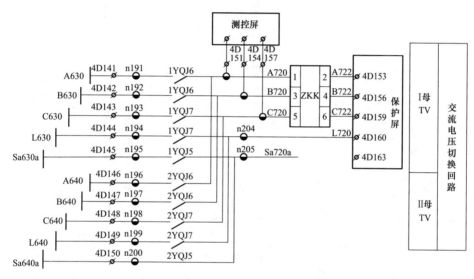

图 TYBZ01709001-9　电压切换装置交流回路图

（2）去母线保护屏上失灵保护出口跳闸的启动回路以及母差、失灵保护跳闸出口回路，亦采用带磁保持的电压切换继电器，如图 TYBZ01709001-10 所示。其作用相当于该电气单元 I、II 组母线侧隔离闸刀辅助触点，用于判别该电气单元所在的运行母线。微机式母线保护装置一般不接该开出触点。

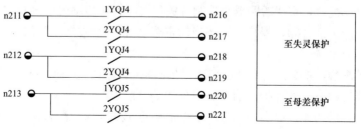

图 TYBZ01709001-10　去母线保护屏的开出触点

（3）由不带磁保持的继电器触点去遥信回路，告示电压切换回路的异常状况。具体回路详见本模块图 TYBZ01709001-13 信号回路 2。

八、至保护及重合闸设备的开出回路

CZX-12R 至保护及重合闸设备的开出回路如图 TYBZ01709001-11 所示。完整的原理接线详见模块 TYBZ01709003 中图 TYBZ01709003-3。

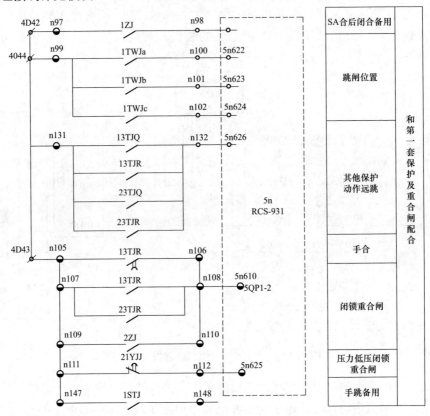

图 TYBZ01709001-11　去保护及重合闸装置弱电回路开出

1. 与重合闸配合

与重合闸配合，实现断路器与控制开关位置不对应启动重合闸功能及手动合跳闸、压力低闭锁重合闸、保护三跳不启动重合闸等重合闸放电等功能。

2. 与保护配合

与保护配合，可以实现手合后加速、断路器位置停讯、其他保护动作远跳/停讯、启动断路器三相不一致保护、启动失灵保护等功能。

（1）手合后加速，提供手动合闸继电器触点 1ZJ 与保护配合，当手合到故障线路上时，快速跳开该线路断路器。

（2）断路器位置停讯，提供分相跳闸位置继电器触点，与方向纵联保护配合时，用于单相或三相跳闸后，本侧保护停讯，以有利于对侧的跳闸。

（3）其他保护动作远跳，根据需要，一般用于母差或失灵保护动作后，发远跳信号给对侧纵联保护，以加速对侧保护的跳闸。

（4）启动断路器三相不一致保护，该回路只有当断路器本身没有配备该保护时，才允许投入。

（5）启动失灵保护。启动失灵保护开出回路由三跳不启动重合闸继电器以及三跳启动重合闸继电器的动合触点并联构成，该触点组与保护装置中的分相跳闸触点再并联后去母差保护屏的启动断路器失灵端子排。其并联回路详见模块 TYBZ01709003 中图 TYBZ01709003–7。

九、信号回路

如上所述，操作箱内继电器动作后要通过开出触点去测控屏发遥信信号。典型的开出分别如图 TYBZ01709001–12 和图 TYBZ01709001–13 所示，回路 901～909、914 分别接入到测控屏的相应端子，可与模块 TYBZ01709002 中图 TYBZ01709002–6 对应起来阅读。

1. 断路器位置不一致

断路器位置不一致信号回路采用的是合闸位置继电器三对动合触点和三对动断触点各自并联后再串联的方式，当断路器三相位置不一致时，901 回路接通信号正电源回路，发断路器位置不一致或非全相运行信号。

2. 控制回路断线

控制回路断线信号利用合闸和跳闸位置继电器动断触点接成"按相启动"方式实现。只要控制回路电源正常，不论断路器在投运还是停运状态，该回路都不会接通。只有当某一相的跳合闸位置继电器线圈同时失电，该回路都才会接通。通过 902（903）回路，向监控系统发出相应的"控制回路断线"信号。

3. 直流电源断线信号

如图 TYBZ01709001–2 所示，当接入到该装置的直流控制电源正常，12JJ 和 2JJ 处于动作状态，它们的动断辅助触点是打开的，当第一组直流失电，12JJ 返回，其动断辅助触点回到闭合状态，904 回路接通信号正电源，发一组电源断线信号；同理，当第二组直流失电，2JJ 返回，其动断辅助触点回到闭合状态，905 回路接通信号正电源，发第二组电源断线信号。

4. 压力降低闭锁回路发信

该装置设置了压力降低闭锁回路，有"压力降低，禁止操作"、"压力降低，禁止合闸"、"压力降低，禁止重合闸"、"压力降低，禁止跳闸"四种功能，当继电器动作时，发相应的信号给监控系统。该图中，使用了其中的"压力降低，禁止重合闸"信号，见图中的 906 信号回路。

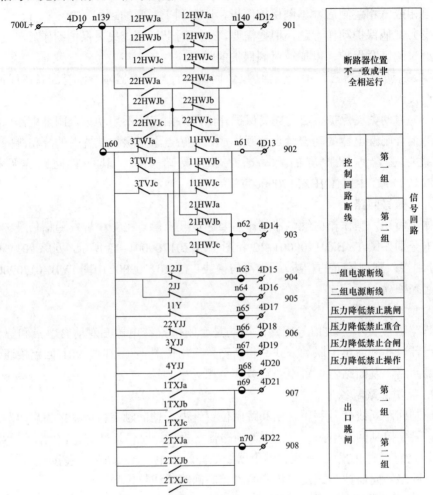

图 TYBZ01709001-12　信号回路 1

5. 出口跳闸信号

Ⅰ组跳闸信号继电器 1TXJa、1TXJb、1TXJc 的动合辅助触点并联接入 907 信号回路（Ⅱ组跳闸信号继电器 2TXJa、2TXJb、2TXJc 的动合辅助触点并联接入 908 信号回路），它们的线圈回路见本模块图 TYBZ01709001-7，当继电保护动作跳闸跳开任一相断路器，发出口跳闸信号。

6. 电压切换继电器同时动作信号

电压切换继电器同时动作表明该单元Ⅰ、Ⅱ组母线隔离闸刀均在合位。采用不带磁保持的电压切换继电器。

7. TV 失压信号

当断路器三相在合闸状态，而二组电压切换继电器均在返回，发电压切换回路断线信号。如图 TYBZ01709001-13 所示。

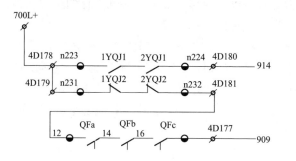

图 TYBZ01709001-13 信号回路 2

8. 启动事故音响

在综合自动化变电站该回路一般不用。

9. 隔离开关位置信号

操作箱中备有断路器跳合闸位置继电器提供断路器位置状态监控信号，该信号通常可由断路器辅助触点从汇控柜直接引出去测控柜。

10. 断路器跳合闸位置

操作箱中备有断路器跳合闸位置继电器提供断路器位置状态监控信号，该信号通常可由断路器辅助触点从汇控柜直接引出去测控柜。

【思考与练习】

1. 继电器操作箱中各回路分别由什么直流电源供给？
2. 简述合后位置继电器 KKJ 的作用。
3. 分相合闸回路由几部分构成？分相跳闸回路由几部分构成？
4. 电压切换装置的不带磁保持和带磁保持的电压切换继电器各用在何回路？起何作用？

模块 2 220kV 线路测控装置的二次回路（TYBZ01709002）

【模块描述】本模块介绍 220kV 线路测控装置与外部连接回路。通过逐一对各部分接线图的图例分析，了解外回路的输入和输出形式以及它们的实际接线。

【正文】

220kV 线路测控装置的主要监控对象是变电站内的 220kV 线路断路器单元。测控装置要完成在监控子系统中的遥测量、遥信量的数据采集及计算处理、遥控命令的接受与执行等基本功能，需要具备以下通用功能的与外部连接的二次回路。

（1）直流电源输入回路。为装置提供工作电源。

（2）遥测模拟量输入回路。测控装置需要采集电流互感器 TA 输出的电流和电压互感器 TV 输出的电压信号，并需要将这些连续变化的模拟信号通过隔离和变换，转换为数字信号，传送到监控计算机中，经过运算得到所需测量的电流、电压量和相位以及频率、有功功率、无功功率等，并在计算机中进行存储、处理和显示。直流信号则通过直流变送器采集。

（3）遥信开关量输入、输出回路。220kV 线路需要采集的遥信开关量一般包括断路器的远方、就地操作状态；隔离开关的状态；接地开关的状态；断路器、隔离开关操动机构中的告警信号；断路器操作箱中的动作信号和告警信号；保护和自动控制装置中的动作信号和告警信号及二次回路运行异常信号等。这些开关量的特点是有"通"和"断"两种工作状态，因而，能够用数字量的形式按一定的编码标准输入计算机，每若干位组合为一个数字或符号，这些数字或符号表示了不同开关量的不同状态。

当测控装置本身失电或当有遥控操作时，发遥控信号输出至公用测控柜。

（4）遥控开关量输出回路。以就地或遥控的方式对电气设备发出的命令一般也只是两种状态，例如断路器的分、合闸；隔离开关的分、合闸；接地开关的分、合闸等。因此，在测控装置中可以把监控主机发出的控制指令还原为命令，通过开关量输出接口电路去驱动继电器，再由继电器触点接通相应的跳、合闸回路。

（5）网络通信回路。实现测控装置与后台监控设备之间的数字通信。

一、RCS–9705C 型线路测量控制装置屏后端子排设计

为系统介绍 220kV 线路的二次设备及相应回路，给读者一个完整的概念，继电器操作箱、保护装置以及测控装置例举了同一系列的产品。本模块介绍 RCS–9705C 型线路测量控制装置的二次回路。装置与外部联系通过测控屏背面端子排连接。下表列出了 PRCK–97X22T 型线路测控柜屏背面端子排所接输入、输出回路名称，读图时要注意图纸上不同厂家对各端子的定义。表 TYBZ01709002–1 为 PRCK–97X22T 型线路测控柜端子排说明。

表 TYBZ01709002–1　PRCK–97X22T 型线路测控柜端子排说明

端子排名称	端 子 排 说 明
YC	遥测模拟量输入：一组 4 路电流、一组 5 路电压
YX	遥信电源、62 路遥信开关量输入和 2 路遥信输出

续表

端子排名称	端 子 排 说 明
YK	8组16路遥控开关量输出,无公共端。其中包括一组断路器跳合闸遥控、7组刀闸遥控
ZD	装置直流工作电源700L±输入
TXD	网络通信

二、直流电源输入回路

装置直流工作电源700L±从直流分配屏引入到屏后的 ZD 端子排,经屏后自动空气开关 1K 控制。引入装置的+220V 的回路编号为7001,一方面供给测控正电源,同时还作为该电气单元保护屏以及断路器汇控柜的遥信开入公共端,供给遥信正电源。如图 TYBZ01709002–1 所示。

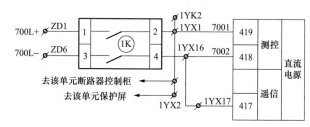

图 TYBZ01709002–1　装置的直流输入回路

三、遥测模拟量输入回路

1. 交流电流输入回路

从相应线路的电流互感器测量用绕组引入 4 路交流电流 i_U、i_V、i_W、i_N,图 TYBZ01709002–2 为装置的交流电流输入回路,图中,TA2 为测量用绕组。输入回路接入端子排时,要注意厂家对各端子的定义,防止接错相别或极性。

2. 交流电压输入回路

测控柜所接的母线电压互感器绕组一般是测量和保护共用的绕组,从继电器操作箱中 A720、B720、C720 回路引入。U 相线路电压 U_x(A603)亦可从线路保护屏引入,N600 不经任何切换,直接从电压小母线 N600 引进,如图 TYBZ01709002–3 所示。该图中自动空气开关 1ZKK 既作为测控装置交

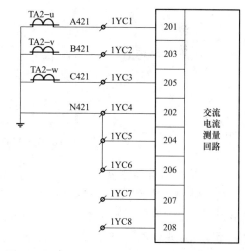

图 TYBZ01709002–2　装置的交流电流输入回路

流电压回路的保护设备，亦作为检验
测控装置时切断交流电压用。

**四、断路器的控制与隔离开关的
遥控开出回路**

当测控装置接收到调度或当地监
控下达的控制操作命令并校核无误
后，即输出此命令至相应设备进行跳/
合闸操作。图 TYBZ01709002–4 示出
了断路器的控制与隔离开关的遥控开
出。包含三部分功能回路：断路器的
就地控制、断路器的远方控制以及隔
离开关的远方控制。其中断路器的就
地控制又包含了断路器的手动操作和
断路器的同期合闸两部分。

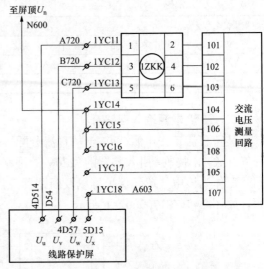

图 TYBZ01709002–3 装置的交流电压输入回路

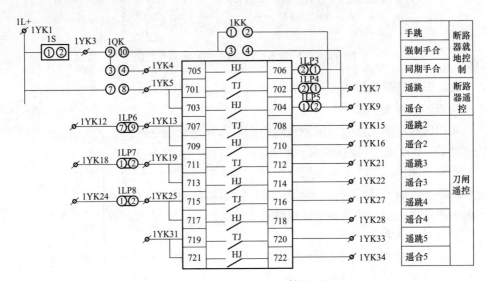

图 TYBZ01709002–4 遥控开出

1. 断路器的就地控制

断路器的就地控制受电气编码锁 1S 的控制，当逻辑闭锁功能投入时，按照逻
辑闭锁程序，满足允许操作条件时，1S 触点 1–2 闭合接通就地控制回路正电源。当
逻辑闭锁功能退出时，1S 触点 1–2 在强制接通状态。1KK 和 1QK 是控制开关，二
者配合起来可实现"强制手动"、"同期手动"和"远控"三种方式下的手动操作。

其接点表如表 TYBZ01709002–2 和表 TYBZ01709002–3 所示。在测控屏上进行手跳操作时，将 1QK 切换到"强制手动"位置，即可利用 1KK 进行就地跳闸和强制手合的操作。将 1QK 切换到"同期手动"位置，则 1KK 不起作用。

2. 断路器遥控

表 TYBZ01709002–2　　1QK 接点位置表（LW21–16/4.0724.3）

运行方式	接点	1–2 3–4	5–6 7–8	9–10 11–12
同期手合	↗	×	—	—
远控	↑	—	×	—
强制手动	↖	—	—	×

表 TYBZ01709002–3　　1KK 接点位置表（LW21–16/4.0653.3）

运行方式	接点	3–4 7–8 11–12	1–2 5–6 9–10
合闸	↗	×	—
	↑	—	—
跳闸	↖	—	×

将 1QK 切换到"远控"位置，同时投入 1LP4 遥跳压板和 1LP5 遥合压板，即可执行由监控计算机发出的分闸与合闸的操作命令。

3. 隔离开关遥控

对隔离开关和接地开关的遥控开出触点一般直接接到操动机构上，如图 TYBZ01709002–5 所示，其中一组去隔离开关 QSF1 的遥控开出。

其公共端 1YK13 经压板 1LP6 接隔离开关操作电源，而 1YK15 端接隔离开关跳闸接触器、1YK16 端接隔离开关合闸接触器，从而实现对隔离开关的远方操作（详见模块 TYBZ01707004 中图 TYBZ01707004–3）。

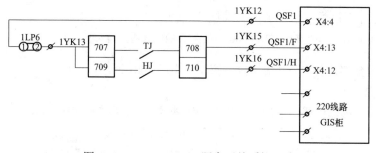

图 TYBZ01709002–5　隔离开关遥控回路

五、遥信回路

1. 遥信输入

遥信输入空接点经过 220V/110V 光电隔离（称之为强电输入）后转换为数字信号进入装置。遥信输入一般包括三部分，一部分是从本屏其他元件接入的，如图 TYBZ01709002-6 中的 1n401、1n402、1n403、1n404 端子上所接的开入 1～开入 4 回路。其中遥信开入 1 定义为置检修压板，投 1LP1 置装置于检修状态，除此压板变位上送外，其余通信被禁止。开入 2 定义为解除闭锁，投 1LP2 压板即屏蔽了装置逻辑闭锁功能，对断路器的操作不受逻辑闭锁编程控制，等等。另一部分是从线路保护屏经电缆接入的遥信信号，如图中信号 901～909、914 回路来自本线路保护屏上操作继电器箱；910～913 回路来自主保护 1，可与图 TYBZ01709001-12、图 TYBZ01709001-13 以及图 TYBZ01709003-8 结合起来读。还有一部分是从配电装置经电缆接入，例如模块 TYBZ01707005 中的 E901～E916 回路可顺序接入。

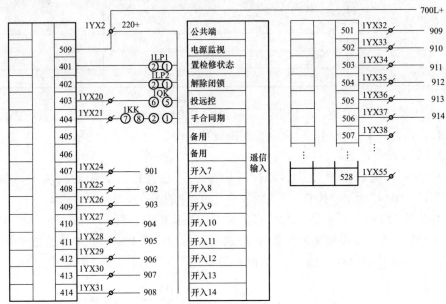

图 TYBZ01709002-6 装置的部分遥信输入展开图

本装置全部开入的公共端接至装置工作电源 7001 回路。

2. 遥信输出

该装置能够输出遥信空接点输出至公用测控装置，如图 TYBZ01709002-7 所示。

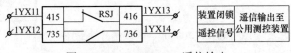

图 TYBZ01709002-7 遥信输出

（1）当 CPU 检测到本身装置硬件故障时，闭锁相应的出口，同时输出告警接点发装置故障报警信号。当所有遥信板的遥信电源监视输入不接遥信正电，装置产生遥信失电。

（2）当有遥控操作时，发遥控信号。

【思考与练习】

1. 测控装置与外部二次回路之间的联系回路有哪些？

2. 测控装置的交流电压源取自何回路？

3. 将断路器的控制与隔离开关的遥控开出回路与相关回路一并绘出，并简述其工作原理。

模块 3 220kV 线路继电保护装置的二次回路
（TYBZ01709003）

【模块描述】本模块以具体实例介绍 220kV 线路保护装置二次回路接线。通过逐一对各部分接线图的图例分析，熟悉装置交流信号输入、直流电源输入、开关量输入、出口继电器和网络通信等回路的组成和作用，掌握本装置与其他装置之间的实际连接关系或联系方式。

【正文】

220kV 及以上电压等级输电线路继电保护装置虽然复杂，但对于微机型成套保护装置来说，二次回路接线并不十分繁杂。以 RCS–931 光纤差动保护为例，RCS–931A 装置包括了分相电流差动、零序电流差动、工频变化量距离、三段式接地距离、三段式相间距离、两个延时段零序方向过流以及自动重合闸，这些功能都是通过软件来实现的。它们的与外部二次回路之间的联系，包含如下几个回路：

（1）直流电源输入回路，为装置提供工作电源。

（2）交流信号输入回路，为保护装置内测量元件采集判别故障用的电流、电压模拟量信号。

（3）开关量输入回路，向保护装置的逻辑回路提供外部开关量辅助判别信号等，包括本屏或本线路相邻屏上其他装置引入的弱电开入量信号以及从较远处电气设备引入的强电开入量信号。

（4）出口继电器回路，把装置内各继电器引出的空接点，引出至相应的电气设备二次回路。

（5）继电保护与通信设备的连接回路。

一、直流电源输入回路

220kV 线路继电保护按双重化配置，采用双面屏组屏方案。直流电源引入到保护屏后，分路送给操作继电器装置和保护装置，其中第一套线路保护的工作电源取自 1L±，第二套线路保护的工作电源取自 2L±。图 TYBZ01709003-1 所示为第一套线路保护直流工作电源回路。设 RCS-931 的设备号是 5n，装置内的文字符号均采用厂家设计图的原符号。

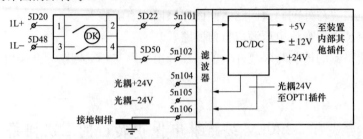

图 TYBZ01709003-1　电源插件原理及输入接线图

图中，DK 是第一套保护装置用直流自动空气开关。将 1L± 引到第一套保护装置用端子排 5D，然后接入 RCS-931 的电源插件。经滤波器滤波后，至内部 DC/DC 转换器，输出+5、±12、+24V（继电器电源）给保护装置其他插件供电。经 5n104、5n105 端子输出一组±24V 光耦电源给 6 号插件 OPT1，5n106 接接地铜排。

二、交流信号输入回路

从线路电流互感器引入的三相电流和零序电流以及从母线电压互感器引入的三相电压和线路电压互感器引入的单相电压将在交流插件中经中间变换器变换后再送入低通滤波插件（LPF）进行低通滤波以供 A/D 变换。交流输入变换插件（AC板）与系统接线如图 TYBZ01709003-2 所示。

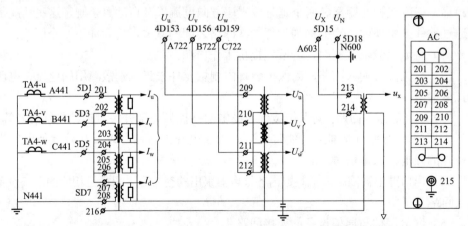

图 TYBZ01709003-2　装置的交流输入变换插件（AC 板）与系统接线

交流电流变换器一次回路接在电流互感器 P 级绕组。值得注意的是，虽然保护中零序方向、零序过流元件均采用自产的零序电流计算，但是零序电流启动元件仍由外部的输入零序电流计算，因此零序电流仍需接入。

交流电压变换器有两组，一组用于输入母线电压互感器三相电压，取自本电气单元电压切换装置的 A722、B722、C722 回路，N 相电压直接取自电压小母线 N600（对应图 TYBZ01709001-9）；另一组当 220kV 线路的重合闸要考虑检同期或检无压的条件时使用，用于将线路电压互感器（U_X、U_{XN}）接入保护装置。注意当双套保护共用一组电压切换回路时，还需要将交流电压回路输送该线路的另一块保护屏，供第二套保护装置使用。

5n215 端子为装置的接地点，应将该端子接至接地铜排。

三、开关量输入回路

保护屏压板、转换开关、按钮等开入或开出量的设置，遵循"保留必须、适当精简"原则。本装置采用±24V 光耦隔离引入外部保护或操作箱输出的开关量信号并经变换成装置内部逻辑控制电位，该输入回路又被称为弱电输入回路。其+24V 端作为弱电开入公共端。详见图 TYBZ01709003-3。

1. GPS 对时输入

对时输入用于接收 GPS 或其他对时装置发来的秒脉冲接点或光耦信号，输入的信号必须是无源的。若用总线对时方式，该输入不接。

2. 打印输入

打印输入用于手动启动打印最新一次动作报告。装置通过整定控制字选择自动打印或手动打印，当设定为自动打印时，保护一有动作报告即向打印机输出，当设定为手动打印时，则需按屏上的打印按钮 5YA1 打印。

3. 投检修态输入

在装置检修时，投上投检修态输入压板 5LP6。在此期间进行试验的动作报告不会通过通信口上送监控系统而干扰调度系统的正常运行，但本地的显示、打印不受影响。

4. 信号复归输入

信号复归按钮 5FA1 用于就地复归装置的磁保持信号继电器和液晶的报告显示。

5. 投保护输入

只有一块投主保护压板 5LP5，后备保护不经任何压板而直接引入光耦插件。

6. 重合闸方式选择开入

5QK 是重合闸方式选择切换开关，例如 LW21-16/4.5854.3 型切换开关，其触点图表如表 TYBZ01709003-1 所示。该切换开关有 5 个固定位置，通过把 5QK 的触点 1-2、11-12 并接到 5n608 端子、触点 3-4、5-6 并接到 5n609 端子，即可以实现重合闸的"综重、单重、三重合和停用"等四种运行方式。

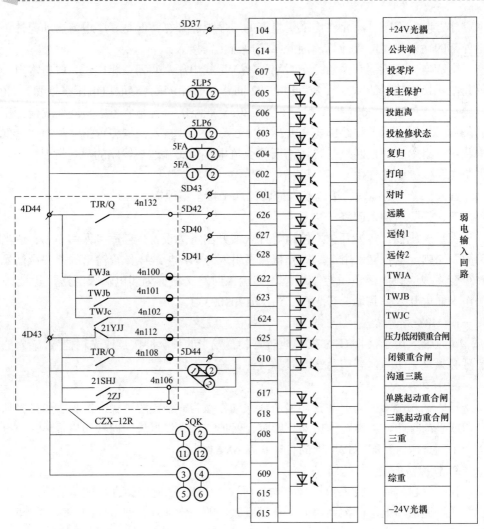

图 TYBZ01709003–3　光耦插件背板端子及外部接线图

表 TYBZ01709003–1　　LW21–16/4.5854.3 型切换开关触点图表

运行方式	触点	1–2	3–4	5–6	7–8	9–10	11–12
	←	—	—	×	—	—	×
综重	↖	—	×	—	—	×	—
单重	↑	—	—	—	—	—	—
三重	↗	×	—	—	—	—	—
停用	→	×	×	×	—	×	×

模块 3

TYBZ01709003

7. 闭重三跳输入

闭锁重合闸三跳输入接至 5n610 端子，其作用一是"沟通三跳"，即单相故障保护也三跳；二是接通重合闸放电回路。图中有四条并列输入回路：

（1）当接入母差保护经 R1 或 R2 回路，启动三相跳闸时，TJR 继电器在跳开断路器的同时，闭锁重合闸。

（2）当"沟通三跳"压板 5QP1 投入，闭锁重合闸。

（3）手动合闸到故障线路，21SHJ 的动合触点闭锁重合闸。

（4）手动跳闸时合后位置继电器 KKJ 复位，启动 2ZJ 去闭锁重合闸。

8. 压力低闭锁重合闸

图中接入的是压力闭锁继电器 21YJJ 的动断辅助触点。正常运行时，21YJJ 处在得电动作状态。当断路器气压或液压操动机构压力降至不允许重合闸时，压力闭锁继电器 21YJJ 返回，其动断触点闭锁重合闸。

9. 启动重合闸

本装置的重合闸起动方式有：

（1）断路器位置（TWJ）触点确定的不对应启动（由整定控制字确定是否投入）。

（2）本保护动作启动。

（3）其他保护动作起动。5n617、5n618 端子分别为其他保护装置动作单跳起动重合闸、三跳起动重合闸输入。这两个触点要求是瞬动触点，随保护动作返回而返回，单跳启动重合闸可为三相跳闸的"或"门输出，任一相跳闸即动作；而三跳起动重合闸则必须为三相跳闸的与门输出。

10. 分相跳闸位置继电器触点输入

5n622、5n623、5n624 端子分别接入操作箱提供的分相跳闸位置继电器触点（TWJa、TWJb、TWJc）。位置触点的作用是：① 重合闸用（不对应起动重合闸、判别单重方式是否三相跳开）；② 判别线路是否处于非全相运行；③ TV 三相失压报警等。

如果直接从开关场引入断路器位置触点，则应采用+220V/110V 光耦。

11. 远跳输入

RCS–931 利用数字通道，不仅交换两侧传输模拟信号，同时也交换开关量信息，实现一些辅助功能，其中包括远跳及远传。在 RCS–931 中，保护装置采样得到远跳开入为高电平时，经过专门的互补校验处理，作为开关量，连同电流采样数据及 CRC 校验码等，打包为完整的一帧信息，通过数字通道，传送给对侧保护装置。典型应用是当本侧母线保护或失灵保护动作，跳闸开出触点 TJR/Q 闭合将+24V 电源和远跳开入（5n626）接通，对侧 RCS–931 通过光纤通道，接收到远跳信号后，结合控制字"远跳受启动控制"可直接或经起动元件控制，跳该侧线路断路器，用以解决在断路器和 TA 之间发生短路时纵联差动保护不能动作的问题。

12. 远传输入

5n627、5n628 端子定义为远传 1、远传 2。远传与远跳的区别只是在于接收侧收到远传信号后，并不作用于本侧的跳闸出口，而只是利用通道提供简单的触点传输功能，如实地将对侧装置的开入触点状态反映到对应的开出触点上。图 TYBZ01709003-4 是远传功能示意图。

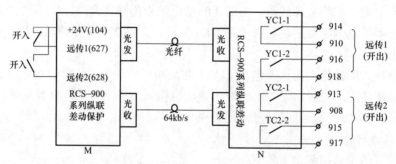

图 TYBZ01709003-4 远传功能示意图

四、继电器出口回路

继电器出口回路由出口压板及安装在 OUT1 和 OUT2 插件中的出口中间继电器等组成，用于实现发信、跳合闸、远传、闭锁等功能。

1. 重合闸出口回路

对照图 TYBZ01709001-2，图 TYBZ01709003-5 中重合闸出口继电器 HJ 的触点 HJ-1 去启动操作箱的合闸继电器 ZHJ，实现重合闸。

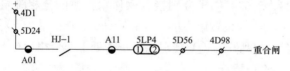

图 TYBZ01709003-5 重合闸出口回路

2. 分相跳闸出口回路

单相跳闸继电器 TJA、TJB 和 TJC 的一对动合触点接入分相跳闸出口回路。图 TYBZ01709003-6 是第一套保护的跳闸出口回路。对应图 TYBZ01709001-5 中的 U 相分相跳闸回路可知，经过压板 5LP1 启动 U 相跳 1 线圈，同理，5LP2 启动 V 相跳 1 线圈、5LP3 启动 W 相跳 1 线圈。

3. 启动失灵保护跳闸回路

单相跳闸继电器 TJA、TJB 和 TJC 的另一对动合触点接入启动失灵保护跳闸回路。该接线适用于采用线路保护屏自带的断路器失灵判别元件，失灵判别元件

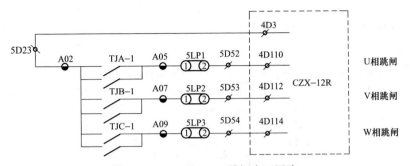

图 TYBZ01709003-6 跳闸出口回路

RCS-923A 与第二套保护装置安装在同一块保护屏上。端子 4D56 接到母线保护屏的 220V 正电源、端子 4D72 去向母线保护屏失灵启动端子排的该线路单元对应端子。当操作箱中任一只三相跳闸继电器动作或双套保护中任一只分相跳闸继电器动作，同时断路器失灵判别元件 RCS-923A 动作，则接通母线保护屏的启动失灵保护跳闸回路。如图 TYBZ01709003-7 所示。

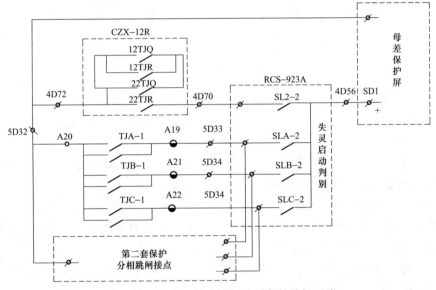

图 TYBZ01709003-7 启动失灵保护跳闸回路

4. 收远传开出回路

远传继电器 YC1、YC2 构成的收远传开出回路，见图 TYBZ01709003-4。本侧装置收到对侧传过来的信号后，如实地将对侧装置的开入触点状态反映到对应的开出触点上，输出到相应回路。

5. 信号回路

图 TYBZ01709003-8 为信号回路。

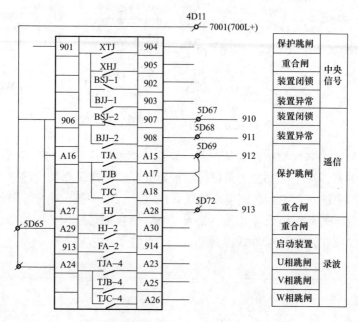

图 TYBZ01709003-8　信号回路

在综合自动化变电站中，220kV 线路保护装置的遥控信号由继电器空接点开出送入该线路的测控屏，以下回路对应模块 TYBZ01709002 中图 TYBZ01709002-6。当下列继电器之一动作时，接通相应信号回路正电源。

（1）BSJ 为装置故障告警继电器，装置因失电、内部故障退出运行时其输出触点 BSJ-2 均闭合，接通 910 回路正电源，发"装置闭锁"信号。

（2）BJJ 为装置异常告警继电器，装置异常，如 TV 断线、TWJ 异常、TA 断线等，仍有保护在运行时，BJJ 继电器动作，其输出触点 BJJ-2 闭合，接通 911 回路正电源，发"装置异常"信号。

（3）单相跳闸继电器 TJA、TJB 和 TJC 任一只继电器动作，其输出触点 TJA（TJB 或/和 TJC）闭合，接通 912 回路正电源，发"保护跳闸"信号。

（4）当本装置重合闸动作，合闸出口继电器接点 HJ 闭合，接通 913 回路正电源，发"装置异常"信号。

（5）跳闸和重合闸信号磁保持继电器 XTJ、XHJ，保护跳闸时 XTJ 继电器动作并保持，重合闸时 XHJ 继电器动作并保持，需按信号复归按钮或由通信口发远方信号复归命令才返回。

（6）BCJ 继电器为闭锁重合闸继电器，当本保护动作跳闸同时满足了设定的闭重条件时，BCJ 继电器动作。BCJ 继电器一旦动作，则直至整组复归返回。

五、通道连接方式

双重化配置的线路纵联保护通道应相互独立，通道及接口设备的电源也应相互独立。装置可采用"专用光纤"或"复用通道"。在纤芯数量及传输距离允许范围内，优先采用"专用光纤"作为传输通道。当功率不满足条件，可采用"复用通道"，但同一线路的两套保护通信接口宜安装在不同柜上。通道的连接方式如图 TYBZ01709003-9 所示。

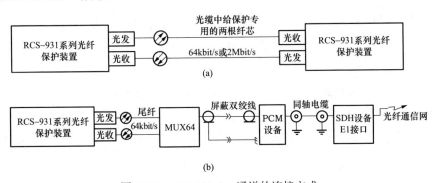

图 TYBZ01709003-9　通道的连接方式

（a）专用光纤方式下的保护连接方式；（b）64kbit/s 复用的连接方式

保护室光配线柜至通信机房光配线柜采用单模光纤，保护室光配线柜至保护柜、通信机房光配线柜至接口柜均应使用尾纤连接。

【思考与练习】

1. 继电保护装置与外部装置之间的连接回路有哪些？

2. 装置中强电输入回路和弱电输入回路各由哪几部分构成？

3. 请将图 TYBZ01709003-8 与图 TYBZ01709002-7 装置的部分遥信输入展开图联系起来，使之形成完整的遥信回路。

第十章　220kV 主变压器的二次回路

模块 1　主变压器差动保护装置的二次回路
（TYBZ01710001）

【模块描述】本模块介绍变压器差动保护的交流电流回路、直流电源回路及跳闸出口回路。通过对 RCS-978E 型典型保护装置回路举例分析，熟悉整套变压器保护屏后端子排设计、保护装置的直流电源分配、交流电流输入回路以及出口跳闸回路。

【正文】

一、变压器保护用电流互感器二次绕组的分配

图 TYBZ01710001-1 是自耦变压器保护用电流互感器二次绕组分配图。变压器高压侧为 220kV 系统，高压侧和中压侧分别装有两个独立式电流互感器 1TA、2TA 和两个套管式电流互感器 4TA、5TA；低压侧的独立式电流互感器 3TA，公共绕组用套管式电流互感器 6TA。

图中变压器高、中、低压三侧电流互感器二次绕组的分配满足变压器保护双重化配置的需要及母线保护装置和高压侧失灵保护装置均单独使用一组绕组的需求。

二、差动保护屏上装置及其端子排

双重化配置的微机型变压器保护装置分装在 A、B 两面保护屏上。其中第一套主变压器差动及第一套后备保护安装在 A 屏，旁代时需切换；第二套主变压器差动及第二套后备保护装在 B 屏，旁代时不需要切换。本模块介绍的 RCS-978E 型变压器保护安装在 AHR78E 型保护屏上，其中 A 屏由第一套主变压器差动及后备保护装置（RCS-978E），中、低压侧操作回路装置，中压侧电压切换装置（LFP-974B/BR）和非电量及辅助保护装置（RCS-974A）组成。B 屏由第二套主变压器差动及后备保护装置（RCS-978E）和高压侧操作继电器箱（CZX-12R）组成。CZX-12R 在模块 TYBZ01709001 中已详细介绍，不再赘述。屏内每个保护装置与外部的联系是通

过屏背面端子排连接的。端子排的设计符合国家电网公司《变压器保护及辅助装置标准化设计规范》的原则要求，详细情况见表 TYBZ01710001-1。

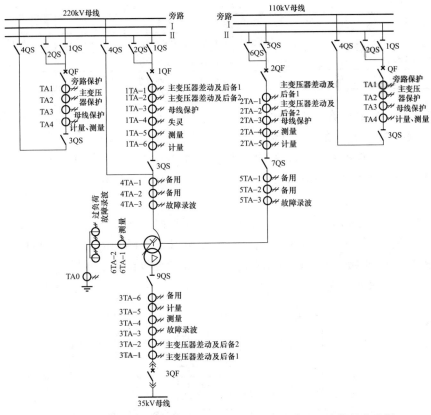

图 TYBZ01710001-1　自耦变压器保护用电流互感器二次绕组分配图

表 TYBZ01710001-1　　RCS-978E 型变压器保护装置端子排表

端子排名称	端子排说明	屏号
1（2）ID	高压、中压、低压各侧三相电流输入端	A（B）
1（2）UD	高压、中压、低压各侧三相电压输入端	A（B）
1（2）CD	变压器保护装置跳闸出口端	A（B）
1（2）XD	变压器保护装置的中央信号端	A（B）
1（2）YD	变压器保护装置的遥信信号端	A（B）
1（2）RD	弱电输入及变压器保护用通信端	A（B）
1（2）ZD	装置直流工作电源输入端	A（B）
4D	高压侧操作继电器箱连接端	B

续表

端子排名称	端 子 排 说 明	屏 号
JD	打印机交流 220V 电源输入	B
8D	非电量非全相失灵保护装置连接端	A
91D	中压侧两组母线电压切换回路连接端	A
93D	中压侧操作回路及信号连接端	A
94D	低压侧操作回路及信号连接端	A

三、保护屏的直流电源分配

1. 保护 B 屏的直流电源回路

来自变电站直流操作电源系统的两路独立直流电源 1L± 和 2L±，首先接到主变压器保护屏 B 的 2ZD 端子排，供 B 屏装置用。1L± 再转接至主变压器保护屏 A 的 1ZD 端子排，供给 A 屏装置。

RCS–978E 型变压器保护屏 B 柜的直流电源回路如图 TYBZ01710001–2 所示，1L± 通过自动空气开关 4K1 接到高压侧断路器的操作箱 4n 的第一组跳闸回路；2L± 通过 4K2 接到 4n 的第二跳闸回路，同时，2L± 通过自动空气开关 2K 供给 B 屏的 RCS–978E 保护装置。

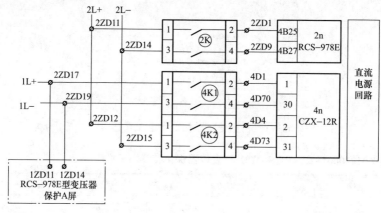

图 TYBZ01710001–2　RCS–978E 型变压器保护屏 B 柜的直流电源回路

2. 保护 A 柜的直流电源回路

RCS–978 型变压器保护 A 柜的直流电源回路如图 TYBZ01710001–3 所示，来自于 B 屏的直流电源 1L±，分 4 路接入 A 屏装置。

四、差动保护装置交流电流输入回路

1. A 屏差动保护的交流电流输入回路

Yd11 接线电力变压器的两侧同名相电流相位差为 30°，常规的变压器差动保

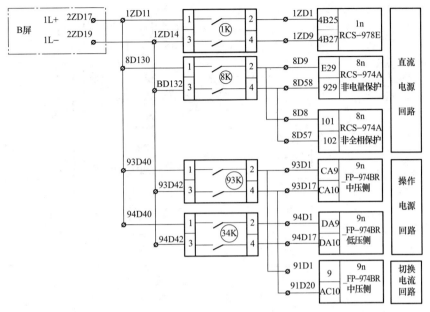

图 TYBZ01710001-3　RCS-978 型变压器保护 A 柜的直流电源回路

护需要将变压器 Y 侧的电流互感器二次绕组接成相应的三角形接线，以进行相位差的矫正。由于微机保护装置能够满足对变压器各侧电流的相位差由软件程序进行校正的要求，因而变压器各侧的电流互感器二次均可采用星形接线，各侧电流方向均指向变压器。

RCS-978 型变压器保护 A 屏上差动保护的交流电流输入回路如图 TYBZ01710001-4 所示。对照图 TYBZ01710001-1 可知，分别来自变压器高、中、低三侧第一组电流互感器的二次绕组 1TA1～3TA1，该绕组应当为保护用的 P 级绕组。其中，高压侧 1TA1 来三相电流分别接 1ID1～1ID4 端子、旁路来三相电流分别接 1ID5～1ID8 端子，两者经安装在 A 屏上高压侧的本侧/旁路切换的电流试验端子 1SD1～1SD4 进入保护装置内部。中压侧 2TA1 三相电流分别接 1ID9～1ID12 端子、旁路来三相电流分别接 1ID13～1ID16 端子,两者经中压侧的本侧/旁路切换的电流试验端子 1SD5～1SD8 进入保护装置内部。低压侧 3TA1 来三相电流分别经 1ZD17～1ZD20 端子直接进入保护装置内部。

图 TYBZ01710001-5 是高压侧的本侧/旁路切换的电流试验端子图，正常情况下电流切换端子①、②连通，接高压侧电流互感器 1TA 的二次电流，端子②、③在断开，且切换片应短接 1ID5～1ID8 至"接地"端子。旁路带主变压器时，电流切换端子②、③连通旁路电流互感器，端子①、②在断开，且切换片应短接 1ID1～1ID4 至"接地"端子。

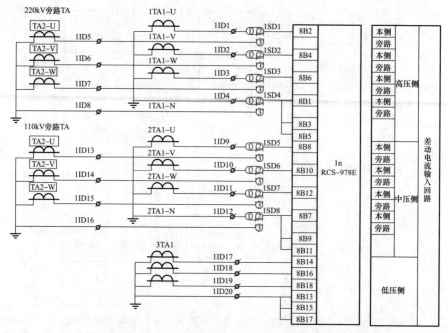

图 TYBZ01710001-4　A 屏差动保护的交流电流输入回路

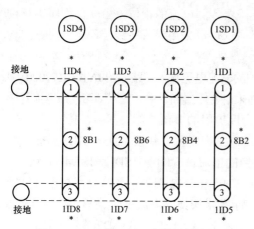

图 TYBZ01710001-5　高压侧的本侧/
旁路切换的电流试验端子图

中压侧的本侧/旁路电流试验端子的切换原理同高压侧。

2. B 屏差动保护的交流电流输入回路

RCS-978 型变压器保护 B 屏上差动保护的交流电流输入回路如图 TYBZ01710001-6 所示，该套差动保护在旁路代时，退出运行。

五、变压器保护跳闸出口回路

在 RCS-978E 型保护装置中，每一套主后备保护共用一块出口跳闸压板。

1　高压侧跳闸出口回路

图 TYBZ01710001-7（a）是双套保护共同启动变压器高压侧断路器第一组跳闸线圈出口图，由变压器保护 A 屏出口跳闸继电器触点、跳闸出口压板 1LP14 与 B 屏的出口跳闸继电器触点以及跳闸出口压板 2LP14 并联后，再接三跳继电器 11TJR 和 12TJR 构成。

双套保护共同启动变压器高压侧断路器第二组跳闸线圈的跳闸出口压板分别

为 1LP15 和 2LP15，回路图省略未画。

2. 中压侧跳闸出口回路

图 TYBZ01710001-7（b）是跳变压器中压侧断路器第一组跳闸线圈出口图，双套保护的出口跳闸回路接到中压侧操作装置被背板 9CC2 端子，再接中压侧断路器跳圈 YT（参见图 TYBZ01710002-8）。

3. 低压侧跳闸出口回路

图 TYBZ01710001-7（c）是跳变压器低压侧断路器第一组跳闸线圈出口图，低压侧操作回路同中压侧。

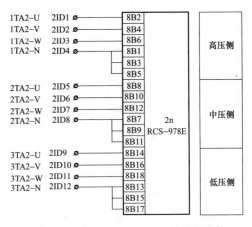

图 TYBZ01710001-6 B屏差动保护的
交流电流输入回路

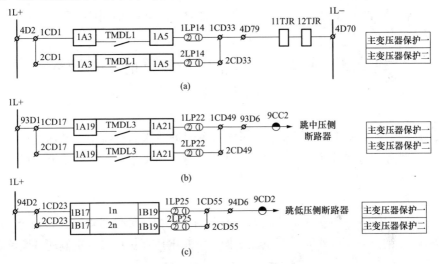

图 TYBZ01710001-7 变压器保护跳闸出口回路

（a）跳高压侧断路器第一组线圈出口；（b）跳中压侧断路器第一组线圈出口；

（c）跳低压侧断路器第一组线圈出口

4. 其余跳闸出口回路

RCS-978E 型保护动作出口跳旁路、跳母联等回路同上述回路大同小异，在此不再赘述。

5. 主变压器保护跳闸启动断路器失灵保护

主变压器保护 A 屏装设有主变压器高压侧断路器失灵保护，双套主变压器保护 RCS-978E 的跳闸出口继电器触点接入 8n614 和 8n606 端子，作为主变压器保护跳闸启动失灵保护的弱电开入，如图 TYBZ01710001-8 所示。

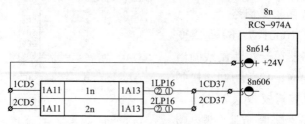

图 TYBZ01710001-8　主变压器保护跳闸启动失灵

【思考与练习】

1. 当主变压器旁代时其电流试验端子应如何操作？
2. 变压器保护装置的两路直流电源是如何分配的？
3. 画出变压器高压侧保护第二组跳闸出口回路。
4. 结合图 TYBZ01710001-7，画出完整的变压器保护跳中压侧断路器回路。

模块 2　主变压器后备保护装置的二次回路
（TYBZ01710002）

【模块描述】本模块主要介绍变压器后备保护二次回路及中、低压侧操作箱。通过逐一对各部分接线图的典型图例分析，掌握变压器后备保护二次回路的原理及接线方式。

【正文】

变压器相间故障后备保护一般为带方向的复合电压闭锁过电流保护，变压器接地故障后备保护是变压器的零序电流保护、零序电压保护；220kV 侧配备断路器失灵保护。

一、RCS-978E 型变压器后备保护装置的二次回路

1. 相间故障后备保护的电流回路

由图 TYBZ01710001-1 可知，变压器高压侧相间故障后备保护与高压侧的差动保护共用同一个电流互感器的二次绕组；中、低压侧的情况也相同。因此，RCS-978E 型变压器后备保护的电流回路接线图详见图 TYBZ01710001-4 和图 TYBZ01710001-6。

2. 零序电流回路

自耦变压器高、中压侧的零序电流可取外接的零序电流，或取自产的零序电流。现今的变电站多取自产的零序电流，即分别取高、中压侧电流互感器的三相电流，再经过软件计算出零序电流。若采用外接零序电流方式，则高压侧零序电流从 A 屏和 B 屏的端子排接入保护装置，至交流电流输入插件 7C8、7C7 两接线端子；外接的中压侧的零序电流从 A 屏和 B 屏的端子排接入 7C10、7C9，分别构成自耦变压器高、中压侧的零序电流保护。如图 TYBZ01710002-1 所示。

自耦变压器还应取公共绕组的三相电流及公共绕组零序电流，构成自耦变压器公共绕组过负荷保护及公共绕组零序保护。

图 TYBZ01710002-1 RCS-978E 型变压器保护装置 A 屏、B 屏零序电流回路

3. 高压侧断路器失灵保护装置的交流电流回路

高压侧断路器三相电流来自 1TA4 绕组，经 8D 端子接入 RCS-974A 非电量非全相失灵保护装置。其中，201、203、205 分别为 U、V、W 三相电流输入极性端，202、204、206 分别为 U、V、W 三相电流输入非极性端。

4. 变压器保护 A 屏和 B 屏的交流电压采样插件

变压器保护 A 屏和 B 屏上均设有交流电压采样插件（7B），其中 B 屏的采样元件可采集变压器三侧交流电压量，A 屏的可采集变压器三侧交流电压量和高、中压侧旁路来交流电压量。

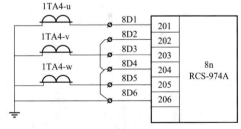

图 TYBZ01710002-2 高压侧断路器失灵保护的交流电流回路

（1）高压侧交流电压回路。图 TYBZ01710002-3 示出了变压器高压侧电压互感器的二次电压接到保护 B 屏的情况。在高压侧操作箱 4n 经过电压切换回路切换后，再经过自动空气开关 2ZKK1 接入交流电压采样插件 7B 端子上，供给变压器高压侧相间（或零序）后备保护装置用。

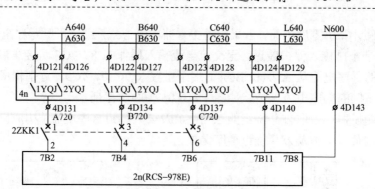

图 TYBZ01710002-3　RCS-978E 型变压器保护装置高压侧交流电压回路

（2）中、低压侧交流电压切换回路。图 TYBZ01710002-4 示出了中、低压侧交流电压连接到 A 屏的情况。A 屏的高压侧和中压侧经切换继电器切换后的电压可经本线/旁路切换开关 1YK1 或 1YK2，实现旁路代时，将电压回路转换至旁路 TV。低压侧的主接线一般是固定式连接，应根据变压器所在母线引入相应的母线电压。

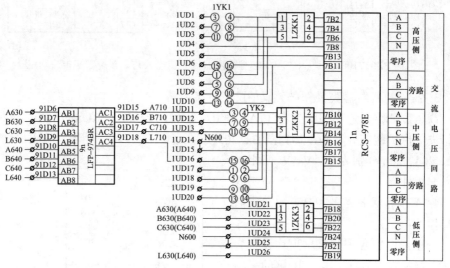

图 TYBZ01710002-4　RCS-978E 型变压器保护装置（A 屏）交流电压回路

5. 变压器后备保护跳闸出口回路

RCS-978E 型变压器后备保护跳闸出口回路接线图详见模块 TYBZ01710001 的图 TYBZ01710001-7～图 TYBZ01710001-9。

6. 高压侧断路器失灵启动回路和解除失灵复压闭锁回路

当主变压器高压侧断路器失灵时，主变压器保护 A 屏上失灵判别元件启动，首先解除失灵复压闭锁、然后启动失灵保护跳闸，如图 TYBZ01710002-5 所示。

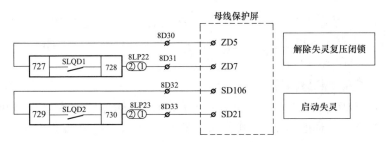

图 TYBZ01710002-5　高压侧断路器失灵启动回路

二、LFP-974 B/BR 操作继电器装置

LFP-974 B/BR 为中压侧交流电压切换和中、低压侧断路器操作回路装置，它包含两个独立的中压侧交流电压切换回路，还包含四套独立的不分相操作断路器的操作回路。

1. 中压侧电压切换回路

LFP-974 B/BR 的交流电压切换回路与 CXZ-12R 中交流电压切换回路工作原理完全相同，结构也基本一致，只不过继电器的个数不同，如图 TYBZ01710002-6 所示，图中的 1YQJ3、1YQJ5、2YQJ3、2YQJ5 为磁保持继电器，这些继电器的触点用于母线电压的切换，1YQJ1、1YQJ2、1YQJ4、2YQJ1、2YQJ2、2YQJ4 为不保持继电器，这些不保持继电器可反映 TA 失压和 I、II 母隔离刀闸均为闭合的。

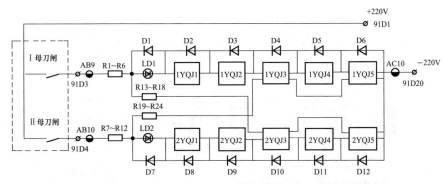

图 TYBZ01710002-6　LFP-974B/BR 电压切换回路原理接线图

图中采用隔离刀闸，只提供一对动合辅助触点，因此须将图中 4n208 与 4n210 相连，4n209 与 4n190 相连即可。当主变压器中压侧接在 I 母上时，保护装置的交流电压由 I 母 TV 引入，I 母刀闸的常开辅助触点闭合，直流电源通入 1YQJ1、1YQY2、1YQJ4 继电器线圈，1YQJ3 和 1YQJ5 磁保持继电器线圈也通电且自保持，LD1 灯点亮；与此同时，正电源经 I 母刀闸的常开触点将 2YQJ3，2YQJ5 复位。

当主变压器中压侧接在 II 母上时，保护装置的交流电压由 II 母 TV 接入，II 母刀闸的常开辅助触点闭合,直流电源通入 2YQJ1、2YQJ2、2YQJ4 继电器线圈,2YQJ3 和 2YQJ5 的磁保持继电器也通电且自保持,LD2 灯点亮;与此同时,正电源经 Ⅱ 母刀闸的常开触点将 1YQJ3,1YQJ5 复位。

　　2. 中、低压侧断路器操作回路

　　在图 TYBZ01710002-7 中仅表示了连接到 C 端子的操作回路,它作为中压侧断路器操作回路;低压侧断路器操作回路应是连接到 D 端子的操作回路(图中未画出)。图中 KKJ 为磁保持继电器,合闸时该继电器动作并磁保持,仅在手跳该继电器才复归,而保护动作或断路器偷跳该继电器不复归,因此,KKJ 的输出触点为合后 KK 位置触点。

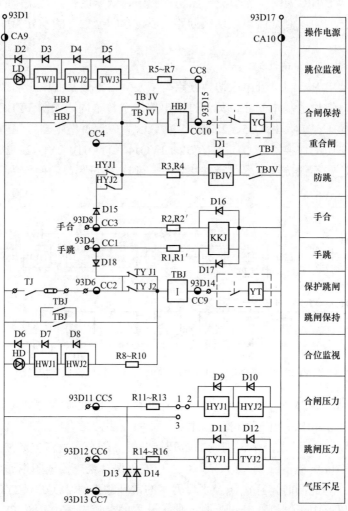

图 TYBZ01710002-7　LFP-974B/BR 断路器操作回路

（1）手动合闸回路。当手动合闸时，操作回路装置的 CC3 端子接通合闸回路正电源，启动断路器的合闸线圈 YC。

HBJ 电流线圈和其常开触点形成自保持回路，保证当手合触点返回后断路器仍能合上。

手合回路受断路器操动机构的合闸压力监视继电器的控制，若合闸压力降低时，常闭触点 HYJ1 和 HYJ2 断开，此时手动合闸不能成功。

在手合过程中，合后位置继电器 KKJ 动作线圈励磁且自保持，表示断路器在合闸后位置；只有当手动跳闸的同时，接通了 KKJ 的返回线圈，而使其复归。

操作回路装置的 CC4 端子可接重合闸等自动装置。

（2）手动跳闸回路。当手动跳闸时，操作回路装置的 CC1 端子接通跳闸回路正电源，启动断路器的跳闸线圈 YT。

防跳继电器 TBJ 的电流线圈一方面和其常开触点形成自保持跳闸回路，保证即使手跳触点返回断路器也能跳开；另一方面 TBJ 的电流线圈的常开触点来启动 TBJ 的电压线圈，用于沟通断路器的防跳闭锁自保持回路。

手跳回路受断路器操动机构的跳闸压力监视继电器的控制，若跳闸压力降低时，常闭触点 TYJ1 和 TYJ2 断开，此时手动跳闸不能成功。

（3）保护跳闸回路。保护跳闸出口继电器 TJ 动作后，经操作回路装置的 CC2 端子启动断路器的跳闸线圈 YT。

【思考与练习】

1. LFP–974B/BR 交流电压切换装置的磁保持继电器和不保持继电器的作用分别是什么？

2. 根据图 TYBZ01710002–7，说明为什么只有在手动跳闸时，合后位置继电器 KKJ 才能复归。

3. 结合主变压器高压侧操作箱 CZX–12R 装置，画出主变压器中压侧双母线的电压切换回路。

模块 3　主变压器非电量保护装置的二次回路
（TYBZ01710003）

【模块描述】 本模块介绍变压器瓦斯保护、压力释放保护、本体超温保护等非电量的开入回路接线。通过逐一对各部分接线图的典型图例分析，掌握变压器非电量保护装置的二次回路。

模块 3

TYBZ01710003

【正文】

变压器的非电量保护装置包括瓦斯保护、压力释放保护、绕组温度保护、冷控失电保护等。

瓦斯保护分为变压器本体瓦斯保护和有载调压瓦斯保护，包括轻瓦斯保护和重瓦斯保护。当变压器绕组发生轻微故障时，轻瓦斯保护动作发出信号；当变压器发生严重故障时，重瓦斯保护动作发出断路器跳闸命令。

压力释放保护是在变压器内部发生严重故障时，将变压器顶盖面板上的释压器的薄金属片冲破，释放变压器内部的压力；同时压力开关的触点闭合，发出断路器跳闸命令。

绕组温度保护在变压器本体温度超过规定温度时，温度计触点闭合，发出断路器跳闸命令。

一、非电量开入启动 RCS–974A 回路

RCS–974A 装置为非电量保护每相设有 11 路信号接口、5 路直接跳闸接口和 4 路延时跳闸接口，其中任一相启动接口回路如图 TYBZ01710003–1 所示。

（1）不需跳闸 11 路的非电量信号经过装置重动继电器 J10～J20 后给出中央信号、遥控信号和事件记录三组开出触点。

用来发信号的非电量开入包括变压器本体轻瓦斯保护开入、有载调压轻瓦斯保护开入、变压器本体油位异常信号开入、变压器有载调压油位异常信号开入、变压器油温过高信号开入、变压器绕组温度高信号开入等。

（2）用于直接跳闸的 5 路非电量开入，经过装置重动继电器 J5～J9 后直接启动装置的跳闸继电器。通常包括变压器本体的重瓦斯保护、变压器有载调压的重瓦斯保护、变压器绕组过温跳闸保护、压力释放保护以及压力突变保护等。

（3）需要延时跳闸的 4 路非电量开入，首先启动装置的重动继电器 J1～J4 后，重动继电器的触点经光耦启动延时跳闸回路，其接线原理如图 TYBZ01710003–2 所示。

二、跳闸回路

1. 非电量保护跳闸启动回路

要求瞬时动作于跳闸的保护动作后，它们的开入量分别经重动继电器 J5～J9，启动跳闸继电器 TJ；作用于延时启动断路器跳闸的非电量开入包括冷控失电保护开入等，其中 LKSD 是冷空失电经延时后的继电器动合触点、YJ2～YJ4 是其他延时启动跳闸继电器的触点，如图 TYBZ01710003–3 所示。

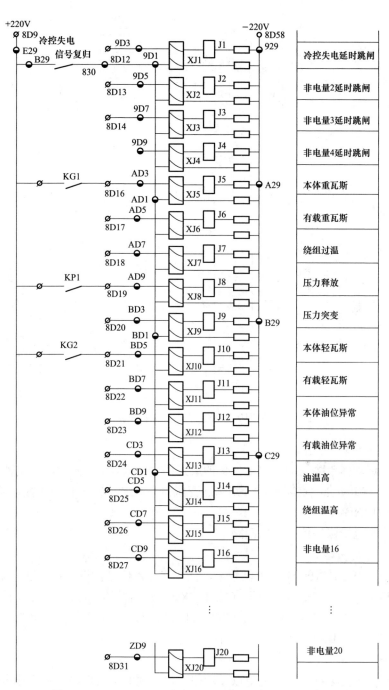

图 TYBZ01710003-1 非电量开入启动 RCS-974A 回路

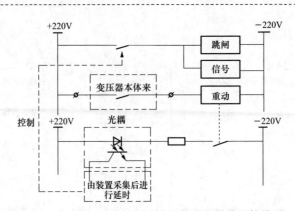

图 TYBZ01710003–2　需延时跳闸的非电量信号接线原理

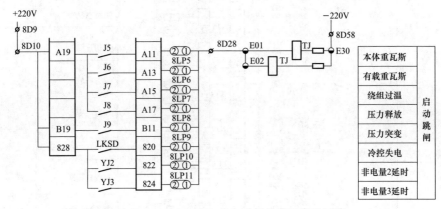

图 TYBZ01710003–3　非电量保护跳闸启动回路

2. 非电量保护跳闸出口回路

任一路动作于跳闸的非电量保护的触点闭合时，启动跳闸中间继电器 TJ，发出跳闸脉冲。TJ 动合触点闭合后分别沟通变压器高、中、低三侧开关跳闸回路。如图 TYBZ01710003–4 所示。

三、非电量保护信号开出回路

1. 信号灯回路

从图 TYBZ01710003–1 可以看出，任一路开入信号在启动重动继电器的同时，会启动相应的磁保持信号继电器（X.J1～X.J20），信号继电器用于点亮保护屏上红色信号灯或发中央信号。信号灯是按相分路设置的。当开入触点返回后，手掀信号复归按钮，方能复归信号。

2. 遥信开出回路

当装置因故闭锁、装置失电以及动作于信号的非电量保护的触点闭合时，启动对应的重动继电器，发出预告信号至综合自动化系统的主变压器测控装置；当动作

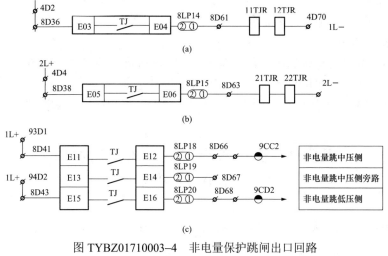

图 TYBZ01710003-4　非电量保护跳闸出口回路

（a）非电量保护跳变压器高压侧断路器主跳圈回路；　（b）非电量保护跳变压器高压侧断路器副跳圈回路；

（c）非电量保护跳变压器中压侧和低压侧断路器跳圈回路

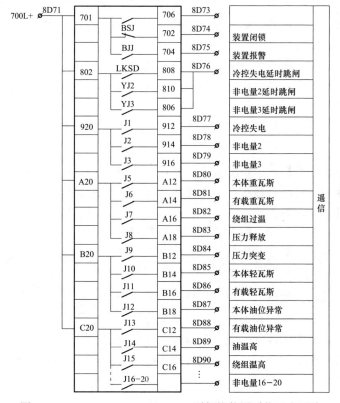

图 TYBZ01710003-5　RCS-974A 型保护装置遥信开出回路

于跳闸的非电量保护的触点闭合时，在启动跳闸继电器 TJ 的同时，发事故跳闸信号至综合自动化系统的主变压器测控装置。

【思考与练习】

1. 当主变压器有载调压重瓦斯保护动作时，请绘出其二次回路图。
2. 变压器本体油位异常时，说明其保护动作过程。
3. 试将跳中、低压侧断路器出口回路，连接到该侧断路器操作箱控制回路图中。

模块 4　变压器冷却器通风控制回路（TYBZ01710004）

【模块描述】 本模块介绍变压器冷却器通风的控制回路。通过典型图例分析，掌握变压器冷却器通风控制回路的工作原理。

【正文】

大型变压器的冷却方式有强迫油循环风冷却、水冷却等。本模块以强迫油循环风冷却装置的二次回路为例，说明其控制回路的工作原理。

一、控制回路的功能

（1）冷却系统采用两个独立电源供电，其中一个工作，一个备用。当工作电源发生故障时，备用电源自动投入；当工作电源恢复时，备用电源自动退出。工作或备用电源故障均有信号。

（2）每个冷却器都可用控制开关手柄位置来选择冷却器的工作状态，即工作、辅助、备用、停运，运行灵活，易于检修每个冷却器。

（3）冷却器的油泵和风扇电动机回路设有单独的接触器和热继电器，能对电动机过负荷及断相运行进行保护。另外每个冷却器回路都装设了自动开关，便于切换和对电动机进行短路保护。

（4）当运行中的工作、辅助冷却器发生故障时，能自动启用备用冷却器。

（5）变压器上层油温或绕组温度达到一定值时，自动启动尚未投入的辅助冷却器。

（6）变压器投入电网时，冷却系统可按负荷情况自动投入相应数量的冷却器；切除变压器及减负荷时，冷却系统能自动切除全部或相应数量的冷却器。

（7）所有运行中的冷却器发生故障时，均能发出故障信号。

（8）当两电源全部消失，冷却装置全部停止工作时，可根据变压器上层油温的高低，经一定时限作用于跳闸。

二、原理接线

1. 电源的自动控制

大型变压器强迫油循环风冷却系统交流操作回路如图 TYBZ01710004-1 所示。

（1）变压器投入电网前，电源转换开关 SA 置"停止"位置，将电源Ⅰ、Ⅱ同时送上，此时 KV1、KV2 带电，启动 KT1、KT2，从而启动图 TYBZ01710004-2 中的 KC1、KC2，其动合触点闭合，准备好了电源Ⅰ、Ⅱ的操作回路。

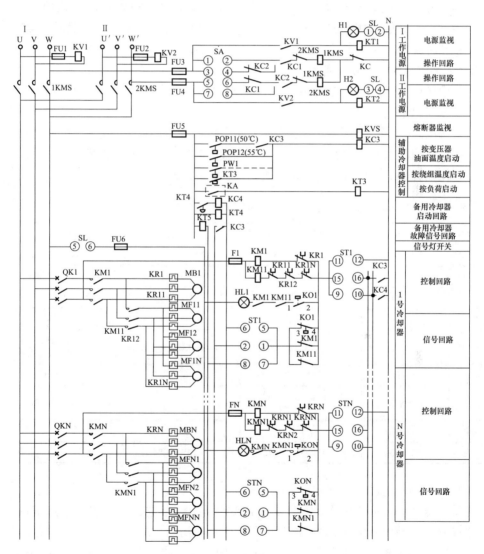

图 TYBZ01710004-1　强迫油循环风冷却的交流操作回路

将 SA2 手柄置于"正常工作"位置，因变压器三相辅助触点在闭合，KC 处于启动状态，其各动断触点断开。

（2）假定选电源Ⅰ工作，则将 SA 手柄置于"Ⅰ工作、Ⅱ备用"位置。当变压器投入电网时，变压器电源侧的断路器动断辅助触点断开，KC 失电，其动断触点闭合，1KMS 启动，其主触头将电源Ⅰ送入装置母线。2KMS 则没有励磁，电源Ⅱ处于备用。

当电源Ⅰ的 U 或 V 相失电或 FU1 熔断时，KV1、KT1 相继失电，从而 KC1 失电，KC1 的动合触点切断 1KMS 回路；当电源Ⅰ的 W 相失电或 FU3 熔断时，KT1、1KMS 同时失电。这些情况均导致电源Ⅰ断开、2KMS 启动，2KMS 的主触头将电源Ⅱ送入装置母线，实现了备用电源的自动投入。

若电源Ⅰ恢复正常，KT1 重新启动，使 KC1 励磁、2KMS 线圈失电，1KMS 重新启动恢复原来状态。

若选电源Ⅱ工作，则将 SA 手柄置于"Ⅱ工作、Ⅰ备用"位置，其工作情况类似。

处于备用状态的电源故障时，若工作电源因故退出，它不会自投。

变压器强迫油循环风冷设备表见表 TYBZ01710004–1。

表 TYBZ01710004–1 变压器强迫油循环风冷设备表

名称	电压继电器	直流时间继电器	交流时间继电器	直流中间继电器
符号	KV1、KV2	KT11、KT12	KT1～KT5、KVS	KC、KC1、KC2、KC5
名称	交流中间继电器	热继电器	油流继电器	绕组温度控制器触点
符号	KC3、KC4	KR1～KRN	KO1～KON	PW1
名称	电流继电器触点	油温度指示控制器触点	熔断器	交流接触器
符号	KA	POP11、POP12、POP2	FU1～FU9、F1～FN	1KMS、2KMS、KM1～KMN、KM11～KMN1
名称	自动开关	转换开关	变压器风扇	变压器油泵
符号	QK1～QKN	SA、SL、SA1、SA2、ST1～STN	MF11～MF1N、MFN1～MFNN	MB1～MBN
名称	电阻	信号灯	光字牌	
符号	R1～R3	H1、H2、HL1～HLN	HP1～HP5	

2. 工作冷却器控制

每组冷却器可处于工作、辅助、备用和停止四种状态之一，投运前可根据具体情况确定。例如确定 1 号冷却器处于"工作"状态，N 号冷却器处于"备用"状态，应将 ST1 置于"工作"位置，STN 置于"备用"位置；将自动开关 QK1、QKN 合上。

　　此时接触器 KM1、KM11 启动，油泵和风扇电动机运转。当油流速度达到一定值时，装于冷却器联管中的油流继电器 KO1 动作，其动合触点 KO1（1–2）闭合，灯 HL1 亮，表示该冷却器已投入运行。

　　当油泵 MB1 故障时，热继电器 KR1 动作，其触点断开，使 KM1 掉闸，油泵、风扇均失电；当风扇 MF11～MF1N 中的任一台故障时，相应的热继电器动作，其触点断开，使 KM11 掉闸，风扇 MF11～MF1N 均失电；当油流速度不正常，低于规定值时，触点 KO1（1–2）断开、KO1（3–4）闭合。上述故障之一均使 HL1 灯灭，同时经 ST1（5–6）使 KT4、KC4 相继励磁，经 STN（9–10）接通"备用冷却器控制回路"。

　　3. 辅助冷却器控制

　　仍以 1 号冷却器为例，将 ST1 置于"辅助"位置，ST1（1–2）、ST1（15–16）接通。辅助冷却器的投入有 3 种情况。

　　（1）按变压器的上层油温投入。为避免在规定温度值上下波动时辅助冷却器频繁投切，设置了两个温度差为 5℃的触点。当上层油温达第一上限值时，POP11（50℃）闭合，此时冷却器尚不启动；当上层油温达第二上限值时，POP12（55℃）闭合，KC3 动作，其三副动合触点闭合，其中一副使 KM1、KM11 经 ST1（15–16）启动，辅助冷却器投入。当油流速度达到规定值时，油流继电器 KO1 动作，HL1 灯亮，显示辅助冷却器运行。当上层油温低于第二上限值时，POP12（55℃）断开，但 KC3 经自身的一副触点及 POP11（50℃）仍励磁，辅助冷却器继续运行；当上层油温低于第一上限值时，POP11（50℃）断开，KC3 断开，辅助冷却器才退出。

　　（2）按变压器绕组温度 PW1 投入。

　　（3）按变压器负荷电流投入。当变压器负荷超过 75%时，KA 的触点闭合，KT3 启动。考虑到负荷瞬时波动，KT3 的触点经延时启动 KC3。KC3 的动合触点闭合，通过 ST1（15–16）启动辅助冷却器。

　　当辅助冷却器发生前述工作冷却器的三类故障之一时，均使 KC4 动作接通备用冷却器。

　　4. 备用冷却器控制

　　设第 N 号冷却器为备用，则主变压器投运前应将 STN 置于"备用"位置，STN（7–8）、STN（9–10）接通；将断路器 QKN 合上。当工作或辅助冷却器发生故障时，与 STN（9–10）串接的触点 KC4 闭合，备用冷却器投入。

　　当备用冷却器发生前述工作冷却器的三类故障之一时，HLN 灯灭。

　　各切换开关触点位置图表如表 TYBZ01710004–2 所示。

表 TYBZ01710004–2　　　　　各切换开关触点位置图表

SA 转换开关分合表

工作状态		I 工作 II 备用	停止	II 工作 I 备用
级次	触点	↖	↑	↗
I	1–2	×	—	—
I	3–4	—	—	×
II	5–6	×	—	—
II	7–8	—	—	×
III	9–10	×	—	—
III	11–12	—	—	×
IV	13–14	×	—	—
IV	15–16	—	—	×
V	17–18	×	—	—
V	19–20	—	—	×
VI	21–22	×	—	—
VI	23–24	—	—	×

SA2 转换开关分合表

工作状态 位置 触点号	正常工作	试　验
	↑	→
1–2	×	—

ST1～STN 转换开关分合表

工作状态		"S" 备用	"O" 停止	"W" 工作	"A" 辅助
级次	触点	↖	↑	↗	→
I	1–2	—	—	—	×
I	3–4	—	×	—	—
II	5–6	—	—	×	—
II	7–8	×	—	—	—
III	9–10	×	—	—	—
III	11–12	—	—	×	—
IV	13–14	—	×	—	—
IV	15–16	—	—	—	×

SA3 转换开关分合表

工作状态		"分" 投	停止	"全" 投
级次	触点	↖	↑	→
I	1–2	—	—	×
I	3–4	×	—	—
II	5–6	—	—	×
II	7–8	×	—	—

SL 转换开关分合表

工作状态 位置 触点号	投　入	切　除
	↑	→
1–2	×	—
3–4	×	—
5–6	×	—

5. 信号回路

强迫油循环风冷却的直流及就地信号回路见图 TYBZ01710004–2，遥信回路见直流图 TYBZ01710004–3。

工作冷却器故障和辅助冷却器故障，KC4 触点接通就地指示灯信号及"冷却器故障"遥信信号；备用冷却器故障，KT5 触点接通就地指示灯信号及"冷却器故障"遥信信号；交流电源 W 相失电或 FU5 熔丝熔断，KVS 触点延时启动 KC5 发"操作电源故障"就地指示灯信号及遥信信号；I 组交流电源 U、V 相失电或 FU1 熔丝熔断，由 KV1 触点接通"I 工作电源故障"就地和遥信信号回路；II 组交流电源 U、

V 相失电或 FU2 熔丝熔断，由 KV2 触点接通"Ⅱ工作电源故障"就地和遥信信号回路。

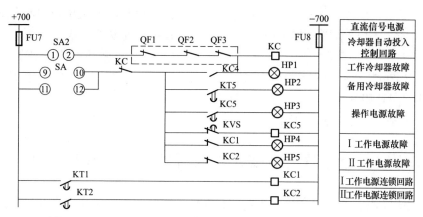

图 TYBZ01710004–2　强迫油循环风冷却的直流及就地信号回路

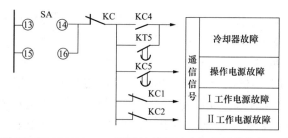

图 TYBZ01710004–3　强迫油循环风冷却的遥信信号回路

6. 冷却器全停时主变的保护回路

两个工作电源均故障时，首先发"Ⅰ工作电源故障"、"Ⅱ工作电源故障"信号，同时图 TYBZ01710004–4 的 KT11、KT12 启动，触点 KT11 经 20min 闭合，若上层油温达 75℃，则 POP2 闭合，接通主变压器三侧跳闸；若上层油温未达 75℃，则经 30min（最长不得超过 1h），由触点 KT12 接通主变压器三侧跳闸。

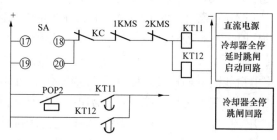

图 TYBZ01710004–4　冷却器全停保护回路

7. 控制箱加热回路

控制箱加热回路如图 TYBZ01710004–5 所示，投入 SA3，则控制箱加热电阻带电。

162

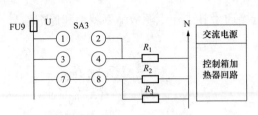

图 TYBZ01710004-5 控制箱加热回路

【思考与练习】

1. 当变压器上层油温或绕组温度达到一定值时，该系统是如何自动启动尚未投入的辅助冷却器的？

2. 强迫油循环风冷却装置二次回路有哪些功能？发出"操作电源故障"信号的原因有哪些？

3. 简述选择选电源Ⅱ工作时，装置的工作程序。

模块 5　变压器有载调压控制回路（TYBZ01710005）

【模块描述】本模块介绍变压器的有载调压控制回路的工作原理及接线方式。通过原理讲解、图例分析，熟悉其模块内容。

【正文】

变压器的有载调压是指变压器在带负荷的情况下，进行变压器主线圈分接头位置的切换。变压器线圈的分接头装于油箱内，经联动轴与外部操作箱内的电动机构连接。通过对操作箱内控制设备的操作，可方便地改变变压器分接头位置。

调节分接头的电动机的驱动是采用逐级操作的原理，当按下调压操作的按钮后，即自动地、不可撤销地完成一次分接头的切换过程，不管电机驱动期间是否再按下其他升、降按钮，整个转动时间由凸轮控制，变换一级凸轮就转一周。只有当控制系统重新处于静止位置才能进行另一次分接头位置变换操作。当完成一次分接头切换后，控制回路自动停止电动机转动，以防发生过调。图 TYBZ01710005-1 是变压器有载调压控制回路原理接线图。

图 TYBZ01710005-1 中，K1、K2 是电机接触器，用于控制电机转动方向。K1 动作时，电机顺时针转，传动变压器分接头"降压"；K2 动作时，电机逆时针转，传动变压器分接头"升压"，K3 是制动接触器，K3 返回时，使电机断开电源，并将电机线圈三相短接。K20 是逐级操作辅助接触器。Q1 是电机保护开关，具有过热保护和磁力脱扣功能，可以实现远方操作脱扣功能。R1 是加热器。H1 是电机保护开关 Q1 的脱扣信号灯。H3 是分接头切换在进行中的信号灯（见图 TYBZ01710005-2）。S1、S2 是变压器分接头"降压"、"升压"的操作按钮。S5 是电机保护开关 Q1 的跳闸按钮，即变压器调压的"急停"按钮。S6、S7 是变压器分接头位置 N、位置 1 的终端限位开关，每完成分接头的一个降或升调整时，此开关短暂断开。S8 是手动操作的保护开关。S12、S14 是控制方向的凸轮开关，S12 为"升压"时动作；S14 为"降压"时动作。S13 是逐级操作凸轮开关。

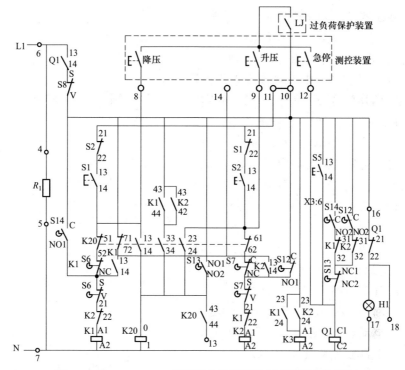

图 TYBZ01710005-1 变压器有载调压控制回路原理接线图

一、变压器有载调压控制回路的组成

1. 电机回路

电机端子 U、V、W 经电机接触器 K1 或 K2、限位开关 S6 或 S7、安全开关 S8 和电机保护开关 Q1 接至三相交流电源，如图 TYBZ01710005-2 所示。

2. 加热器回路

加热器回路接至交流电源 L1、N。加热电阻 R1 长期接在电源上。

3. 控制回路

控制回路接至 L1、N，中间接入电机保护开关 Q1 和安全开关 S8，当 Q1 或 S8 动作，控制电压中断。电机保护回路是由凸轮开关 S12、S13、S14 的开关元件和电机接触器 K1、K2 的辅助触点等组成。Q1 的跳闸可以由电动机构上的按钮 S5 或经测控装置的"急停"进行操作跳闸，也可以由其保护回路跳闸。

4. 电机保护开关跳闸的信号回路

Q1 的动断触点 21-22 经端子 16、17、18 引出，可以将信号灯 H1 接在电源 L1、N 上就地显示，也可以经端子 16、18 送往测控装置远方显示。

分接头变换操作中的信号：电机 M1 的相电压经端子 19、20 接信号灯 H3 显示。

二、变压器有载调压控制的操作过程

调压操作前，应先合上电机保护开关 Q1 及安全开关 S8，限位开关 S6、S7 在返回位置。

（1）"降压"操作（由 1 到 N）。按下按钮 S1 或发出"降压"的遥控命令，使 K1 线圈励磁动作，K1 接在电机启动回路的三相主触头闭合，并且：① 动断触点 21–22 断开，S1 的 21–22 的触点也断开，它们均闭锁 K2，此时不能进行升压操作；② 动合触点 13–14 闭合，使 K1 线圈经 K20 的 71–72 实现自保持；③ 动合触点 43–44 闭合，为 K20 接入作准备；④ 动断触点 31–32 断开，闭锁 Q1；⑤ 动合触点 23–24 闭合，启动制动接触器 K3，使电机 M1 启动（顺时针旋转）。

电机启动后，带动凸轮开关动作，变压器分接头开始自动切换。方向记忆凸轮开关 S14 被驱动，S14 的触点 NO1–C 闭合。

凸轮开关 S13 被驱动，S13 的触点 N01–N02 闭合，启动辅助接触器 K20，K20

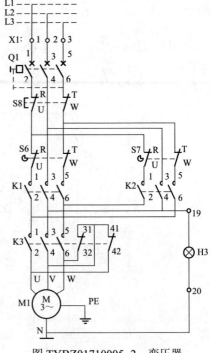

图 TYBZ01710005–2　变压器
有载调压电机回路

的动合触点 33–34 闭合使 K20 自保持，动断触点 71–72 断开使 K1 只能通过凸轮开关 S14 的触点 NO1–C、S6 的触点 S–V 自保持。S13 的触点 NC1–NC2 断开，闭锁 Q1。

电机转动停止之前，其机械位置使凸轮开关 S13 断开触点 N01–N02、闭合触点 NC1–NC2，并使方向记忆凸轮开关 S14 打开触点 N01–C，动作结束。

电机接触器 K1 释放，主触头断开、辅助触点返回。

K1 的触点 23–24 断开，K3 失磁脱扣，切断了三相电源，K3 的触点 31–32、41–42 闭合将电机的绕组短接。

K1 的 43–44 断开后，使辅助接触器 K20 断电，复归整个控制回路。

然而，只有在按钮 S1（或 S2）没按下，K20 才会断电释放。若 S1（或 S2）触点粘住，K20 经过其 13–14（或 23–24）自保持，可以防止 K1（或 K2）再次励磁动作。

在切换过程的最后，当电动机构要达到或超过终点位置前的瞬间，限位开关 S6 或 S7 立即断开触点 NC–C，使电机接触器 K1 或 K2 断电。当已经到达或超越终点位置时，S6 或 S7 立即断开 R–U、T–W 触点，切断电机回路，触点 S–V 断开，将电机接触器 K1 或 K2 的接入回路打开。

在正常的"降压"或"升压"过程中，电机保护开关 Q1 线圈回路被断开。

（2）"升压"操作。按下按钮 S2 或发出"升压"的遥控命令，电机接触器 K2、K3 通电，电机 M1 逆时针旋转，方向记忆凸轮 S12 被驱动。接下去的动作过程与上述"降压"操作过程相同。

（3）"急停"操作。按下电动机构紧急脱扣按钮 S5 或发出"急停"的遥控命令，电机保护开关 Q1 立即跳闸，切断电机电源和控制电源。

（4）手动摇把的操作。将手摇把插在轴上。在手摇把啮合之前，安全开关 S8 动作，切断电机电源。手动摇把的操作结束之后，手摇把从轴上摘下，安全开关 S8 重新闭合。

【思考与练习】

1. 试说明变压器有载调压控制回路在降压操作过程的原理。

2. 变压器有载调压装置中的电机回路中有哪些主要设备组成？各设备的主要作用是什么？

3. 简述 K1、K2 和 K3 各辅助触点的作用。

模块 6　主变压器测控装置回路（TYBZ01710006）

【模块描述】本模块介绍主变压器的测控装置回路。通过知识讲解、图例分析，熟悉变压器测控装置，掌握装置需要接入的模拟量和信号开入量回路。

【正文】

220kV 变电站的主变压器测控屏通常由变压器各侧的测控装置和变压器本体的测控装置构成。在 RCS–9700C 型测控装置的典型组屏方案中，主变压器高、中、低压三侧各需要一台 RCS–9705C 装置和一台 RCS–9703C 装置。RCS–9705C 装置由遥测插件、遥信插件、遥控插件、直流电源插件和 CPU 插件组成；RCS–9703C 装置为变压器本体的测控装置，它比 RCS–9705C 增加了一个直流插件，用来采集变压器的温度参数。下面介绍主变压器测控装置的有关回路。

1. 交流电流、电压输入回路及直流电源回路

主变压器测控装置的遥测量有高、中、低压三侧的三相电流和零序电流以及三侧母线的三相电压和零序电压，通过程序计算出三相电流有效值、三相电压有效值、有功功率、无功功率、频率、谐波等。测控柜所接的母线电压互感器绕组应是测量保护共用的绕组，并且应当从主变压器保护屏经切换后 A720、B720、C720 回路引入，N600 不经任何切换，直接从 N600 电压小母线引入。图 TYBZ01710006–1 是 RCS–9705C 装置的交流量遥测及直流电源回路图。

直流电源经过测控屏的屏后直流空气断路器 1K 控制，供给测控装置电源和光耦电源。

2. 主变压器的遥控回路

主变压器测控装置进行遥控的对象有变压器三侧的断路器和隔离开关，变压器中性点接地开关，变压器有载调压分接头。

（1）主变压器断路器的遥控操作。如图 TYBZ01710006–2 所示，当进行主变压器断路器的遥控操作时，将 1QK 切换到"远控"位置，同时投入 1LP4 遥跳压板和 1LP5 遥合压板，即可执行由监控计算机发出的分闸与合闸的操作命令。

（2）主变压器断路器就地操作。如图 TYBZ01710006–2 所示，主变压器的断路器一般不用同期手合。当主变压器的断

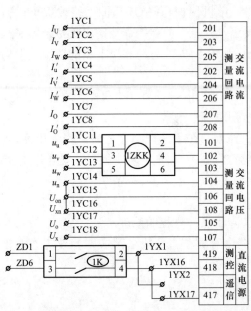

图 TYBZ01710006–1　RCS–9705C 型遥测回路图

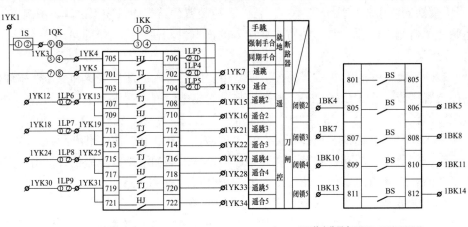

1QK接点位置表(LW21–16/4.0724.3)

接点＼运行方式	1–2 3–4	5–6 7–8	9–10 11–12
同期手合 ↗	✕	—	—
远控 ↑	—	✕	—
强制手动 ↙	—	—	✕

1KK接点位置表(LW21–16Z/4.0653.3)

接点＼运行方式	3–4 7–8 11–12	1–2 5–6 9–10
合闸 ↗	✕	—
跳闸 ↙	—	✕

图 TYBZ01710006–2　RCS–9705C 型遥控回路图

路器采用就地控制时，满足允许操作条件时，电气编码锁 1S–①–②闭合，将 1QK 切换到"强制手动"位置，即可利用 1KK 进行就地跳闸和强制手合的操作。

3. 主变压器遥信回路

主变压器测控装置接入的遥信量有：

（1）高压侧有断路器位置、隔离开关位置、接地开关位置、控制回路断线、压力降低闭锁合闸、压力降低闭锁跳闸、保护 1 跳闸、保护 2 跳闸、切换继电器同时动作等。

（2）中压侧有断路器位置、隔离开关位置、接地开关位置、控制回路断线、保护跳闸、切换继电器同时动作、电源消失等。

（3）低压侧有断路器位置、隔离开关位置、保护跳闸、电源消失等。

（4）变压器本体处有中性点接地刀闸位置、变压器分接头位置、变压器通风电源故障等。

（5）保护屏处有主保护动作信号、后备保护动作信号、过负荷报警、TA、TV 断线信号、失灵保护动作信号、失灵保护装置故障信号、非电量保护装置的各种保护信号等。

【思考与练习】

1. 在 RCS–9705C 测控装置上，主变压器 220kV 侧断路器是如何进行遥控合闸的？

2. 在 RCS–9705C 测控装置上，主变压器 220kV 侧断路器是如何进行就地操作的？

3. 主变压器高压侧的测控装置应接入哪些遥信量？

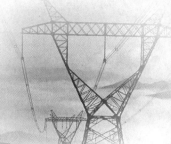

第十一章　二次回路反事故措施

模块 1　二次回路反事故措施（TYBZ01711001）

【**模块描述**】本模块介绍直流熔断器与相关回路配置反事故措施、保护二次回路反事故措施、保护回路安装反事故措施。通过概念描述、要点归纳，熟悉二次回路的有关反事故的措施、条例。

【**正文**】

电气二次回路的可靠性对变电站的安全稳定运行有着重要的作用。继电保护及安全自动装置的二次回路反事故措施主要包括：保护装置，交、直流电源，信号控制等二次回路，以及现场调试和运行的反事故措施。本模块将根据《国家电网公司十八项电网重大反事故措施》继电保护专业重点实施要求进行论述。

一、直流熔断器与相关回路配置反事故措施

变电站继电保护 220V（或 110V）直流电源系统是变电站内所有继电保护、自动化以及二次控制回路、断路器分合闸、事故照明等设备的工作电源。

对直流系统配置的基本要求是：消除寄生回路，增强保护功能的冗余度。

1. 直流熔断器配置原则

（1）信号回路由专用熔断器供电，不得与其他回路混用。

（2）由一组保护装置控制多组断路器（如母线差动保护、变压器差动保护、发电机差动保护、线路横联差动保护、断路器失灵保护等）和各种双断路器的变电站接线方式（3/2 断路器、双断路器、角接线等）的配置原则如下。

1）每一断路器的操作回路应分别由专用的直流熔断器供电。

2）保护装置的直流回路由另一组直流熔断器供电。

（3）有两组跳闸线圈的断路器，其每一跳闸回路应分别由专用的直流熔断器供电。

（4）有两套纵联差动保护的线路，每一套纵联差动保护的直流回路应分别由专用的直流熔断器供电；后备保护的直流回路，可由另一组专用直流熔断器供电，也可适当地分配到前两组直流供电回路中。

（5）采用"近后备"原则，只有一套纵联差动保护和一套后备保护的线路，纵联差动保护与后备保护的直流回路应分别由专用的直流熔断器供电。

2. 继电保护直流回路的接线原则

接到同一熔断器的几组继电保护直流回路的接线原则如下。

（1）每一套独立的保护装置，均应有专用于直接到直流熔断器正负极电源的专用端子对，这一套保护的全部直流回路包括跳闸出口继电器的线圈回路，都必须且只能从这一对专用端子取得直流的正、负电源。

（2）不允许一套独立保护的任一回路（包括跳闸继电器）接到由另一套独立保护的专用端子对引入的直流正、负电源。

（3）如果一套独立保护的继电器及回路分装在不同的保护屏上，同样也必须只能由同一专用端子对取得直流正、负电源。

3. 其他配置要求

（1）由不同熔断器供电或不同专用端子对供电的两套保护装置的直流逻辑回路间不允许有任何电的联系，如有需要，必须经空触点输出。

（2）找直流接地点，应断开直流熔断器或断开由专用端子对到直流熔断器的连接，并在操作前，先停用由该直流熔断器或由该专用端子对控制的所有保护装置，在直流回路恢复良好后再恢复保护装置的运行。

（3）所有的独立保护装置都必须设有直流电源断电的自动报警回路。

（4）上、下级熔断器之间必须有选择性。

4. 不采用控制屏控制开关操作方式的变电站配置实施原则

（1）220kV 系统。

1）220kV 线路第一组操作电源与第一套保护电源，分别接于直流Ⅰ段母线。第二组操作电源与第二套保护电源，分别接于直流Ⅱ段母线。

2）220kV 母联、分段回路第一组操作电源接于直流Ⅰ段母线，第二组操作电源接于直流Ⅱ段母线。

3）220kV 旁路回路第一组操作电源、保护电源接于直流Ⅰ段母线，第二组操作电源接于直流Ⅱ段母线。

4）220kV 失灵保护使用相应的母差保护电源。

5）220kV 主变压器本体保护，220kV 断路器第一组操作电源，第一套差动保护和 110kV 断路器操作电源，35kV 断路器操作电源，220kV 主变压器后备保护接于直流Ⅰ段母线。220kV 断路器第二组操作电源，第二套差动保护接于直流Ⅱ段母线。

6）单套 220kV 的母差电源接于直流Ⅰ段母线。

（2）110kV 及以下系统。

1）110kV 线路的操作和保护电源合在一起，35kV 线路的操作和保护电源合在一起。

2）110kV 按线路、35kV 至少按段接取电源，且均匀地分摊在两段直流母线上。

3）110kV 和 35kV 母差，接于直流Ⅱ段母线。

4）110kV 和 35kV 自切保护电源应与所对应的母联或分段操作电源在同一段直流母线。

（3）公共回路。

1）单台故障录波器的直流电源接于直流Ⅱ段母线，两台及以上故障录波器的直流电源可分别接于直流Ⅰ段、Ⅱ段母线。

2）信号总电源接于直流Ⅰ段母线，并应通过总开关接出。

3）交流不间断电源中 UPS 主机接直流Ⅰ段母线，UPS 从机接直流Ⅱ段母线。

二、保护二次回路反事故措施

1. 保护装置用直流中间继电器、跳（合）闸出口继电器及相关回路

（1）直流电压为 220V 的直流继电器线圈的线径不宜小于 0.09mm，如用线圈线径小于 0.09mm 的继电器时，其线圈须经密封处理，以防止线圈断线；如果用低额定电压规格（如 220V 电源用于 110V 的继电器）的直流继电器串联电阻的方式时，串联电阻的一端应接于负电源。

（2）直流电压为 110V 及以上中间继电器的消弧回路应符合下列要求：

1）不得在它的控制触点上并接电容、电阻回路，以实现消弧。

2）用电容或反向二极管并在中间继电器线圈上作消弧回路，在电容及二极管上都必须串入数百欧的低值电阻，以防止电容或二极管短路时将中间继电器线圈回路短接。消弧回路应直接并在继电器线圈的端子上。

3）选用的消弧回路所用反向二极管，其反向击穿电压不宜低于 1000V，绝不允许低于 600V。

4）注意因并联消弧回路而引起中间继电器返回延时对相关控制回路的影响。

（3）跳闸出口继电器的启动电压不宜低于直流额定电压的 50%，以防止继电器线圈正电源侧接地时，因直流回路过大的电容放电引起的误动作；但也不应过高，以保证直流电压降低时可靠动作和正常情况下的快速动作。对于动作功率较大的中间继电器（如 5W 以上），如为快速动作的需要，则允许动作电压略低于额定电压的 50%，此时必须保证继电器线圈的接线端子有足够的绝缘强度。如果适当提高了启动电压还不能满足防止误动作的要求，可以考虑在线圈回路上并联适当电阻以作补充。

（4）断路器跳（合）闸线圈的出口触点控制回路，必须设有串联自保持的继电器回路，并保证跳（合）闸出口继电器的触点不断弧，断路器可靠跳闸、合闸。

　　1）对于单出口继电器，可以在出口继电器跳（合）闸触点回路中串入电流自保持线圈，并应满足的条件有：① 自保持电流不应大于额定跳（合）闸电流的50%左右，线圈压降小于额定值的5%；② 出口继电器的电压启动线圈与电流自保线圈的相互极性关系正确；③ 电流与电压线圈间的耐压水平不低于交流 1000V、1min的试验标准（出厂试验应为2000V、1min）；④ 电流自保持线圈接在出口触点与断路器控制回路之间。

　　2）有多个出口继电器可能同时跳闸时，宜由防止跳跃继电器实现上述任务，防跳继电器应为快速动作的继电器，其动作电流小于跳闸电流的50%，线圈压降小于额定值的10%，并满足上述1）条的相应要求。

　　（5）不推荐采用晶闸管跳闸出口的方式。

　　（6）两个及以上中间继电器线圈或回路并联使用时，应先并联，然后经公共连线引出。

　　2. 信号回路

　　（1）信号回路应当装设直流电源回路绝缘监视装置，但必须用高内阻仪表来实现，220V 的高内阻不小于 20kΩ，110V 的高内阻不小于 10kΩ。

　　（2）检查测试带串联信号继电器回路的整组启动电压，必须在80%直流额定电压和最不利条件下分别保证中间继电器和信号继电器都能可靠动作。

　　3. 跳闸连接片

　　（1）除共用综合重合闸的出口跳闸回路外，其他直接控制跳闸线圈的出口继电器，其跳闸连接片应装设在跳闸线圈和出口继电器的触点之间。

　　（2）经由共用重合闸选相元件的220kV线路的各套保护回路的跳闸连接片，应分别经切换连接片接到各自启动重合闸的选相跳闸回路或跳闸不重合的端子上。

　　（3）综合重合闸中三相电流速断共用跳闸连接片，应在各分相回路中串入隔离二极管。

　　（4）跳闸连接片的开口端应装设在上方，并接到断路器的跳闸线圈回路上，应满足的要求有：① 连接片在落下过程中必须和相邻连接片有足够的距离，保证在操作连接片时不会碰到相邻的连接片；② 检查并确证连接片在扭紧螺栓后能可靠地接通回路；③ 穿过保护屏的连接片导电杆必须有绝缘套，并距屏孔有明显距离；④ 检查连接片在拧紧后不会接地。

　　4. 保护二次回路电压切换

　　（1）用隔离开关辅助触点控制的电压切换继电器，应有一对电压切换继电器触点作监视用，不得在运行中维护隔离开关辅助触点。

　　（2）检查并保证在切换过程中，不会产生电压互感器二次回路反充电。

　　（3）手动进行电压切换的，应按专用的运行规程进行操作，由运行人员执行。

（4）用隔离开关辅助触点控制的切换继电器，应同时控制可能误动作的保护正电源，并符合处理切换继电器同时动作与同时不动作等异常情况的专用运行规程。

三、保护回路安装反事故措施

1. 保护屏

（1）保护屏必须有接地端子，并用截面不小于 $4mm^2$ 的多股铜线和接地网直接连通。装设静态保护的保护屏间，首先应用专用接地铜排直接连通，各行专用接地铜排首末端同时连接，然后将该接地网的一点经铜排与控制室接地网连通。专用接地网铜排的截面不得小于 $100mm^2$。

（2）保护屏本身必须可靠接地。

（3）屏上的电缆必须固定良好，防止脱落、拉坏接线端子排从而造成事故发生。

（4）跳（合）闸引出端子应与正电源适当地隔开。

（5）到微机型保护的交流及直流电源来线，应先经过抗干扰电容（最好接在保护装置箱体的接线端子上），然后才进入保护屏内，此时：① 引入的回路导线应直接焊在抗干扰电容的一端，抗干扰电容的另一端并接后接到屏的接地端子上；② 经抗干扰电容后，引入装置在屏上的走线，应远离直流操作回路的导线及高频输入（出）回路的导线，更不得与这些导线捆绑在一起；③ 引入保护装置逆变电源的直流电源应经抗干扰处理。

（6）弱信号线不得和有强干扰（如中间继电器线圈回路）的导线相邻近。

（7）高频收发信机的输出（入）线应采用屏蔽电缆，屏蔽层应接地，接地线截面不小于 $1.5mm^2$。

（8）当两个被保护单元的保护装置配在一块屏上时，其安装必须明确分区，并划出明显界线，以利于分别停用试验。一个被保护单元的各套独立保护装置配在一块屏上，其布置也应明确分区。

2. 保护装置本体

（1）保护装置的箱体，必须经试验确证可靠接地。

（2）所有隔离变压器（电压、电流、直流逆变电源、导引线保护等）的一、二次绕组间必须有良好的屏蔽层，屏蔽层应在保护屏中可靠接地。

（3）外部引入至微机型保护装置的空触点，进入保护后应经光电隔离。

（4）半导体型、集成电路型、微机型保护装置只能以空触点或光耦输出。

3. 开关场到控制室的电缆线

（1）用于集成电路型、微机型保护的电流、电压和信号触点引入线，应采用屏蔽电缆，屏蔽层在开关场与控制室同时接地，各相电流线、各相电压线及中性线应分别置于同一电缆内。

（2）不允许用电缆芯两端同时接地的方法作为抗干扰措施。

（3）高频同轴电缆应在两端分别接地，并靠紧高频同轴电缆敷设截面不小于100mm² 两端接地的铜导线。

（4）动力线、电热线等强电线路不得与二次弱电回路共用电缆。

（5）穿电缆的铁管和电缆沟，应采取有效地防止积水措施。

四、现场调试及运行反事故措施

1. 现场试验

（1）有明显的断开点（打开了连接片或接线端子片等才能确认），也只能确认在断开点以前的保护停用了。

如果连接片只控制本保护的出口跳闸继电器的线圈回路，则必须断开跳闸触点回路才能认为该保护确已停用。

对于采用单相重合闸，由连接片控制正电源的三相分相跳闸回路，停用时除断开连接片外，尚需断开各分相跳闸回路的输出端子，才能认为该保护已停用。

（2）不允许在未停用的保护装置上进行试验和其他测试工作；也不允许在保护未停用的情况下，用装置的试验按钮（除闭锁式纵联保护的启动发信按钮外）做试验。

（3）所有的继电保护定值试验，都必须以符合正式运行条件（如加上盖子、关好门等）为准。

（4）分部试验应采用和保护同一直流电源，试验用直流电源应由专用熔断器供电。

（5）只能用整组试验的方法，即除由电流及电压端子通入与故障情况相符的模拟故障量外，保护装置处于与投入运行完全相同的状态下，检查保护回路及整定值的正确性。

不允许用卡继电器触点、短路触点或类似人为手段做保护装置的整组试验。

（6）对运行中的保护装置及自动装置的外部接线进行改动，即便是改动一根连线的最简单情况，也必须履行如下程序：

1）先在原图上做好修改，经主管继电保护部门批准。

2）按图施工，不准凭记忆工作；拆动二次回路时必须逐一做好记录，恢复时严格核对。

3）改完后，做相应的逻辑回路整组试验，确认回路、极性及整定值完全正确，然后交由值班运行人员验收后再申请投入运行。

4）施工单位应立即通知现场与主管继电保护部门修改图纸，工作负责人应在现场修改图上签字，没有修改的原图应要有标志作废。

（7）不宜用调整极化继电器的触点来改变其启动值与返回值，厂家应保证质量并应对继电器加封。

（8）应对保护装置做拉合直流电源的试验（包括失压后短时接通及断续接通）以及直流电压缓慢地、大幅度地变化（升或降），保护在此过程中不得出现有误动作或信号误表示的情况。

（9）对于载波收发信机，无论是专用或复用，都必须有专用规程按照保护逻辑回路要求，测试收发信回路整组输入/输出特性。

（10）在载波通道上作业后必须检测通道裕量，并与新安装检验时的数值比较。

（11）新投入或改动了二次回路的变压器差动保护，在变压器由第一侧投入系统时必须投入跳闸，变压器充电良好后停用；然后变压器带上部分负荷，测六角图，同时测量差动回路的不平衡电流或电压，证实二次接线及极性正确无误后，才再将保护投入跳闸。在上述各种情况下，变压器的重瓦斯保护均应投入跳闸。

（12）所有差动保护（母线保护、变压器的纵差与横差保护等）在投入运行前，除测定相回路及差回路电流外，必须测各中性线的不平衡电流，以保证回路完整、正确。

（13）对于集成电路型及微机型保护的测试应注意以下几点：

1）不得在现场试验过程中进行检修。

2）在现场试验过程中不允许拔出插板测试，只允许用厂家提供的测试孔或测试板进行测试工作。

3）插拔插件必须有专门措施，防止因人身静电损坏集成电路片，厂家应随装置提供相应的物件。

4）在室内有可能使用对讲机的场所，须用无线电对讲机发出的无线电信号对保护做干扰试验。如果保护屏是带有铁门封闭的，试验应分别在铁门关闭与打开的情况下进行，试验过程中保护不允许出现有任何异常现象。

（14）在直流电源恢复（包括缓慢地恢复）时不能自动启动的直流逆变电源，必须更换。

（15）所有试验仪表、测试仪器等，均必须按使用说明书的要求做好相应的接地（在被测保护屏的接地点）后，才能接通电源；注意与引入被测电流、电压的接地关系，避免将输入的被测电流或电压短路；只有当所有电源断开后，才能将接地点断开。

（16）所有正常运行时动作的电磁型电压及电流继电器的触点，必须严防抖动；特别是综合重合闸中的相电流辅助选相用的电流继电器，有抖动的必须消除或更换。

（17）对于由 $3U_0$ 构成的保护测试如下：

1）不能以检查 $3U_0$ 回路有无不平衡电压的方法来确认 $3U_0$ 回路是否良好。

2）不能单独依靠"六角图"测试方法来确证 $3U_0$ 构成的方向保护极性关系的正确性。

3）可以对包括电流、电压互感器及其二次回路连接与方向元件等综合组成的整体进行试验，以确定整组方向保护的极性正确。

4）最根本的办法是查清电压、电流互感器极性，所有由互感器端子到继电保护盘的连线和盘上零序方向继电器的极性，作出综合的正确判断。

（18）变压器零序差动保护，应以包括两组电流互感器及其二次回路和继电器元件等综合组成的整体进行整组试验，以保证回路接线及极性正确。

（19）多套保护回路共用一组电流互感器，停用其中一套保护进行试验时，或者与其他保护有关联的某一套进行试验时，必须特别注意做好其他保护的安全措施，如将相关的电流回路短接、将接到外部的触点全部断开等。

（20）在可靠停用相关运行保护的前提下，对新安装设备进行各种插拔直流熔断器的试验，以保证没有寄生回路存在。

2. 现场运行

（1）纵联保护（如纵联方向保护等）的任一侧需要停用或停直流电源（如为了寻找直流电源接地等）时，必须先报调度，请求两侧都停用，然后才允许作业。作业完毕后，两侧保护按规定进行检查，并按规定程序恢复运行。

（2）平行线的横联差动保护，当一侧的断路器断开，形成一回线送电、一回线充电的运行方式时，如果横联差动保护没有经检查邻线过电流控制，则两侧都应断开运行中一回线的横联差动保护的跳闸连接片（即停用保护），但处于充电状态的一回线的连接片不应断开（保护继续运行）。操作顺序应在一次系统操作完后，才断开连接片；恢复时先投连接片，然后进行一次系统操作。

（3）线路纵联差动保护每年的投入运行时间不得小于 330 天；配置双套纵联差动保护的线路，任何时候都应有一套纵联差动保护在运行中，特殊情况须经领导审批。

（4）线路基建投产，相应的保护包括纵联差动保护，必须同步投入运行。

（5）电力线高频保护，必须每天交换通道信号，保护投入运行时收信电平裕量不得低于 8.68dB（以能开始保证保护可靠工作的收电平值为基值），运行中当发现通道传输衰耗较投运时增加并超过规定值 3.0dB 时，应立即报告主管调度并通知有关部门，以判定高频通道是否发生故障、保护是否可以继续运行；运行中如发现通道电平裕量不足 5.68dB 时，应立即通知上述调度机构请求将两侧纵联差动保护一起停用，然后才通知有关部门安排相应的检查工作。

（6）允许式纵联差动保护的发信及收信信号和闭锁式纵联差动保护的收信信号应进行故障录波。

（7）触动外壳时有可能动作的出口继电器，必须尽快更换。

【思考与练习】

1. 试述直流熔断器的配置原则。

2. 对跳闸连接片的安装有什么要求？

第十二章 电压无功自动调节装置的二次回路

模块 1 电压无功自动调节装置的二次回路
（TYBZ01712001）

【模块描述】本模块介绍微机型电压无功自动调节装置原理、模拟量输入回路及控制输出回路。通过逐一对各部分接线图的图例分析，了解电压无功自动调节装置原理和接线。

【正文】

电压无功自动调节装置（VQC）根据系统电压水平和无功分布情况，自动调节变压器分接头位置和投切无功补偿装置，维持系统电压稳定和无功平衡。现以TD–VOC110/3 型电压无功综合控制装置为例，简要叙述其基本原理和二次回路接线。

TD–VOC110/3 型电压无功综合控制装置的标准设计为控制两台主变压器和四组电容器（或电感器）。装置通过对高、中、低三侧电压，高压侧电流、功率因数、无功功率等模拟量的采集；通过对变压器分接头位置，各组电容器（或电感器）投、切位置等开关量的采集，综合计算分析，按照给定的控制策略，分别对电容器（或电感器）的投、切和变压器的分接头位置进行调整。

一、电压无功调节原理

VQC 自动装置由检测、处理、输出组成了一个多输入多输出的闭环自动控制系统，如图 TYBZ01712001–1 所示。装置通过输入回路检测变压器各侧电压、高压侧功率因数，通过综自系统的数字接口采集变压器分接头位置，各组电容器（或电感器）投、切位置等开关量，对运行方式和运行区域进行识别，当检测到电压和（或）无功越限，经过一定延时后即发出控制命令，调节变压器分接头和（或）投切电容器，将电压和无功控制在给定范围之内。

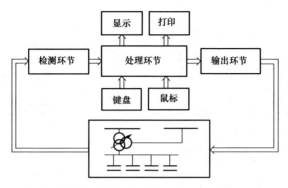

图 TYBZ01712001-1　电压无功调节原理框图

二、控制策略

变电站运行状态可分为九个大区域和两个小区域，如图 TYBZ01712001-2 所示。

图 TYBZ01712001-2　运行区域图

图中纵向为目标侧电压 U，横向为变压器无功 Q。$+U$ 表示目标电压的上限，$-U$ 表示目标电压的下限。$+Q$ 表示无功上限，系统向变电站输送无功（无功不足，$\cos\phi$ 滞后）；$-Q$ 表示无功下限，变电站向系统倒送无功（无功过剩，$\cos\phi$ 超前）。整个平面由以下四条直线，即 $+U$、$-U$、$+Q$、$-Q$ 分为九个大区域。中间 0 区为电压和无功均合格区，其余八个区为控制区。9 区和 10 区为防振区，一般不加控制。-1 区为电压越极限区，此时闭锁变压器和电容器的所有控制指令。装置默认的控制策略如表 TYBZ01712001-1 所示。

表 TYBZ01712001-1　　装置默认控制策略

区号	越 限 情 况	控 制 要 求
0	电压无功均合格	不控制

续表

区号	越 限 情 况	控 制 要 求
1	电压越上限	降挡
2	电压越上限无功越上限	先降挡后投电容器
3	无功越上限	投电容器
4	电压越下限无功越上限	先投电容器后升挡
5	电压越下限	升挡
6	电压越下限无功越下限	先升挡后切电容器
7	无功越下限	切电容器
8	电压越上限无功越下限	先切电容器后降挡

三、二次回路

电压无功自动调节装置的二次回路主要包括模拟量的输入回路，变压器分接头调节的出口回路，电容器（或电感器）投切的出口回路，位置信号回路等。

1. 模拟量的输入回路

模拟量的输入回路有主变压器高、中、低三侧电压的输入回路，高压侧电流的输入回路。图 TYBZ01712001–3 所示是 1 号主变压器模拟量的输入回路，因为变压

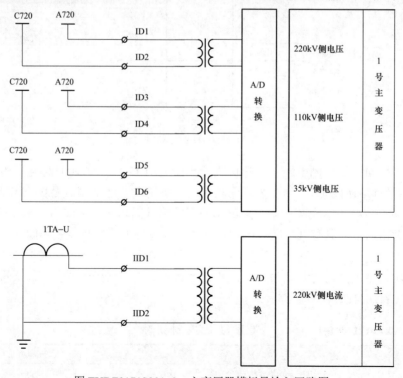

图 TYBZ01712001–3 主变压器模拟量输入回路图

器三相负荷一般是对称的，所以只输入了两台变压器的单相交流电流及三侧 A、C
相交流电压。

这些送入装置的模拟量经过转换和加工，得到所需要的电压、功率因数、无功功
率等数字量参数。然后对它们进行综合判断，发出所需要进行的调整命令去驱动相关
的出口中间继电器，由这些继电器的触点执行投、切电容器或调节变压器的分接头。

2. 控制及信号继电器回路

图 TYBZ01712001–4 是主变压器调压及电容器投切启动出口继电器的原理图。
图中看到电压无功综合控制装置的出口继电器有两台变压器有载调压的"升压"、
"降压"、"急停"控制；有四组电容器的"投入"、"切除"控制，此外还有两台主
变压器调压的连调闭锁、各种微机的闭锁和故障告警。

主变压器调压的连调闭锁是防止变压器有载调压开关发生滑挡连调，装置采用
了防滑挡技术，保证每发一次调压指令，变压器分接开关只改变一个挡位。

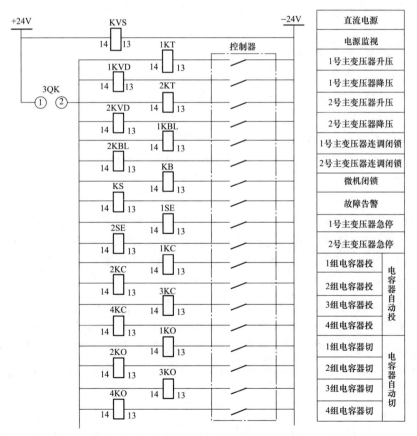

图 TYBZ01712001–4　主变压器调压及电容器投切启动出口继电器原理图

模块
1

TYBZ01712001

各种微机闭锁和故障告警包括：

（1）欠压闭锁。当非控母线电压低于额定值的 85%时，闭锁全部控制操作，并发出告警信号。当电压高于欠压闭锁恢复值时，自动解除闭锁。

（2）过压闭锁。当非控母线电压高于额定值的 120%时，闭锁全部控制操作，并发出告警信号。当电压低于过压闭锁恢复值时，自动解除闭锁。

（3）大电流闭锁。当负荷电流大于整定值，装置闭锁调压动作。当电流小于大电流闭锁值时，自动解除闭锁。

（4）小电流闭锁。当负荷电流小于整定值时，图 TYBZ01712001-2 中，9、10 区的电容器投、切动作闭锁。当电流大于小电流闭锁值时，自动解除闭锁。

（5）保护动作闭锁。当变压器、电容器（电感器）的继电保护动作时，闭锁对该变压器、电容器（电感器）的操作。闭锁必须人工解除或由遥控解除。

（6）变压器、电容器（电感器）拒动的闭锁。当电容器拒投、拒切或变压器调压分接开关拒动时，闭锁对该电容器或变压器的操作并告警。闭锁必须人工解除或由遥控解除。

（7）变电站运行异常闭锁。当输入的开关量及模拟量有逻辑错误时，装置自动闭锁。闭锁必须人工解除或由遥控解除。

（8）装置内部故障闭锁。装置设有自动故障检测功能，若发现装置内部有不正常情况，则自动闭锁微机操作。闭锁必须人工解除。

（9）越限告警。当电压越限时，又没有调压手段可以实施时，经一段延时后，告警继电器输出告警信号。当电压合格后，自动解除告警。

（10）在给定时间内，对同一操作对象进行相反操作时，予以闭锁。闭锁时间可人工设定。

（11）母线过压闭锁。被控母线高于过压门槛，闭锁该段母线电容器投入指令并告警。当被控母线电压低于过压恢复门槛值后，自动解除闭锁。

（12）母线欠压闭锁。被控母线低于欠压门槛，闭锁装置操作并告警。当被控母线电压高于欠压恢复门槛值后，自动解除闭锁。

3. 主变压器调压出口回路

图 TYBZ01712001-5 所示为一台变压器的调压出口回路接线。调压的"升压"、"降压"操作，除自动操作外，还在装置上设有手动操作按钮。"急停"的操作只能手动进行。变压器的连调闭锁开出回路和"急停"按钮的触点并联，接到变压器调压电动机构的电机保护开关脱扣线圈，用于切断变压器的调压操作电源。

4. 电容器投切出口回路

图 TYBZ01712001-6 是电容器投切出口回路接线图。图中是一组电容器的投切出口回路接线。每一组的"投入""切除"除自动进行控制外，还在装置上设有手动操作按钮，可以进行手动操作。

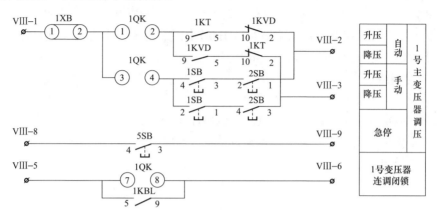

图 TYBZ01712001-5　主变压器调压出口回路图

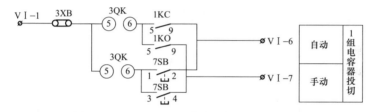

图 TYBZ01712001-6　电容器投切出口回路图

5. 信号开出回路

　　装置设有信号触点的开出回路，在不能实现通信联系的变电站用于反映装置的动作或告警信号。如图 TYBZ01712001-7 所示，反映的信号有变压器的调压及装置的告警等。

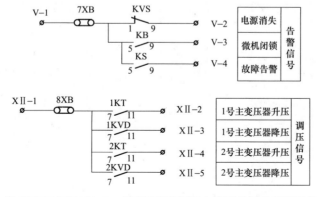

图 TYBZ01712001-7　主变压器调压及电容器投切信号回路图

电压无功综合控制装置配置有通信接口，可以与变电站综合自动化通信。实时将测量数据、统计记录数据、故障信息及参数定值等数据传至后台监控设备。装置外设变压器挡位转换器，将挡位转换为 BCD 码送至后台监控设备，还可以向后台监控设备提供变压器调压、急停，电容器投切等信号。

【思考与练习】

1. 说明电压无功自动调节装置的控制策略。
2. 说明电压无功自动调节装置的实现原理。
3. 画出电压无功自动调节装置模拟量输入回路图。
4. 画出电容器投切出口回路图。

国家电网公司
国家电网公司
生产技能人员职业能力培训通用教材

第十三章　220kV 母线保护
装置的二次回路

模块 1　220kV 母线保护装置的二次回路
（TYBZ01713001）

【**模块描述**】本模块以具体实例介绍 220kV 母线保护装置二次回路接线。通过逐一对各部分接线图的图例分析，了解装置交流信号输入、直流电源输入、开关量输入、出口继电器和遥信等回路的组成和作用，掌握本装置与其他装置之间的实际连接关系或联系方式。

【**正文**】

目前国内生产的微机式母线保护装置，虽然型式不同、结构各异，但它们的工作原理基本都是采用带有比率制动特性的分相差动原理，其动作逻辑以及装置与外回路的联系也基本相同。差动回路包括母线大差回路和各段母线小差回路。装置中除了分相式母线差动保护外，一般都配置了母联充电保护、母联死区保护、母联失灵保护、母联过流保护、母联非全相保护以及断路器失灵保护等功能。从电气回路上看，母线保护的主要特点是：

（1）涉及回路多。交流电流回路、失灵启动跳闸、母线及失灵保护跳闸出口均与母线上所有元件相连。

（2）压板多、辅助触点多，增加了回路不可靠因素和缺陷查找的难度。

（3）不正确动作危害面大。

因此，要求安装图的设计一定要清晰、合理、有规律，易于不同回路的识别、缺陷的查找和消除。

本模块以 RCS-915AB 型母线差动保护为例，主要介绍母线差动保护装置与外部联系的各回路。装置内的文字符号均采用厂家原设计图的符号。

一、RCS-915AB 型母线差动保护装置屏后端子排设计

RCS-915AB 型母线差动保护屏背面端子排所接输入、输出回路遵循"自上而

184

下、按功能分布排列"的设计原则。其右侧端子排所接回路，自上而下依次排列如表 TYBZ01713001–1 右侧端子排名称及端子排说明；其左侧端子排所接回路，自上而下依次排列如表 TYBZ01713001–2 左侧端子排名称及端子排说明。

表 TYBZ01713001–1　　　　右侧端子排名称及端子排说明

端子排名称	端 子 排 说 明
ID	各单元的电流输入回路，一般母联（分段）为第一单元，要注意图纸上不同厂家对各单元的定义
UD	各段母线的交流电压输入回路
ZD	装置直流工作电源输入回路及强电输入触点回路
XD	母线保护中央信号、遥信及录波触点输出回路
RD	弱电输入触点回路
TD	通信口
JD	打印机交流 220V 电源输入

表 TYBZ01713001–2　　　　左侧端子排名称及端子排说明

端子排名称	端 子 排 说 明
CD	隔离开关辅助触点输入回路及各支路跳闸出口回路。其中 CD 单元为母联专用，无须接入隔离开关辅助触点，1～23CD 分别为各支路隔离开关辅助触点输入回路以及出口跳闸回路
SD	各单元断路器失灵启动开入回路，一般分为 20 个单元，不包括母联单元

二、装置直流工作电源输入回路（ZD）

母线保护装置直流电源通过屏后自动空气开关引入装置。国内有些生产厂家在母线保护屏后设计了两只自动空气开关将直流电源分两部分接入，其一作为保护装置用的工作电源，其二作为开关量输入（光隔）的直流电源，以隔离外回路对保护装置的干扰。RCS–915AB 型采用一只自动空气开关 1K 供给整套母线保护装置。如图 TYBZ01713001–1 所示。

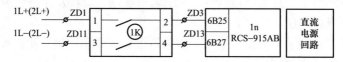

图 TYBZ01713001–1　RCS–915 型母差保护装置直流电源输入回路

三、各电气单元的电流输入回路

按照规定，母线差动保护专用一组电流互感器绕组。为了构成完全的电流差动回路，需要按照"环流法"接线原理，把母线上所有支路电流互感器的二次绕组分别 U、V、W 相，将其同名端联在一起，然后接入该相差动电流测量元件。微机保护需要模拟这个"环流法"接线，由程序流程来实现差流计算。因此，各厂家对电流输入的接线都有一个事先约定。例如，RCS-915AB 型中约定：母线上除母联外各支路电流互感器一次绕组的极性必须一致，并且母联极性同 I 母上支路的极性。也就是说，当各个支路单元的电流互感器一次绕组标注符号"*"的同名端在母线侧，母联电流互感器一次绕组的同名端则应当在靠近 I 母线侧，母联电流互感器相当于 I 母上连接的元件，如图 TYBZ01713001-2 所示。按照这个约定，电流输入回路的接线要满足两个条件，一是各支路电流互感器二次绕组与装置的连接，要符合厂家的定义。例如，微机保护要求各个支路 TA 的二次在电路上相互独立，分别直接接入装置。该装置的 ID 端子排分成若干个单元，每一个单元上可接入一个支路的三相电流。其中 1～7 端子定义为母联 TA 单元，必须接母联 TA 来电缆。8～11 端子定义为线 1 电流单元，12～15 端子定义为线 2 电流单元，依此类推。二是各支路电流互感器二次绕组的同名端按相别分别接入标有 I_A、I_B、I_C 端子，另一端三相端子短接后接入 I_N 端子，线 1、线 2 单元电流回路接入方式如图 TYBZ01713001-3 所示。由于两组母线小差动的计算都需要用到母联（分段）电流，清楚这个约定是非常必要的。我们在识图时，要首先确定实际的一次接线与事先的约定是否相吻合，然后才能够判定二次回路连接的正确性。

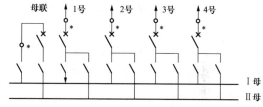

图 TYBZ01713001-2　电流互感器极性端的约定

图 TYBZ01713001-3　交流电流输入回路

　　由于电流互感器二次回路只允许一点接地，所以各支路母差保护用电流互感器二次接地点就设置在母差保护屏 ID 端子排上一点接地。

四、交流电压输入回路（UD）

　　母线差动保护装置具有复合电压元件闭锁功能，因为该装置母差保护和失灵保护的复合电压闭锁采用的零序电压是自产 $3U_0$，因此，交流电压仅需引入三相工作绕组的电压，而无须引入开口三角的电压。

在保护屏后有两个编号为 1ZZK1、1ZZK2 的自动空气开关，其中接入 1ZZK1 的是来自 I 母 TV 电压小母线的三相电压；接入 1ZZK2 的是来自 II 组母线 TV 电压小母线的三相电压，引入到装置的电压形成回路，进行模数变换。N600 不应经自动空气开关而直接引入装置。如图 TYBZ01713001-4 所示的交流电压输入回路。

电压元件闭锁有两种方式，在出口跳闸回路设置电压切换继电器的硬触点闭锁或是从软件上实现电压闭锁，该装置采用第二种方式。

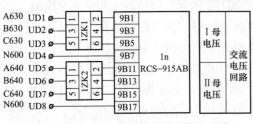

图 TYBZ01713001-4 交流电压输入回路

五、母差保护各单元隔离开关辅助触点输入回路（CD）

对于分段母线或双母线接线方式，需要计算出两条母线的小差回路电流，构成小差比率差动元件，作为故障母线选择元件。微机保护中引入各电气单元母线侧隔离开关辅助触点判别该支路所在的运行母线，以确定参加该母线小差动的计算。装置面板上设计了一次系统模拟盘，其作用为：① 是当刀闸位置发生异常时保护装置发出报警信号，通知运行人员；② 可以通过模拟盘强制指定相应的刀闸位置状态，保证母差保护在刀闸位置异常时能正常运行。目前应用较广的模拟盘有采用强制开关的模拟盘和采用双位置继电器的模拟盘。相应的，隔离开关辅助触点引入方式有两种：仅动断辅助触点开入方式和动断/动合辅助触点开入方式。下面以"线 1"单元为例，说明两种模拟盘的隔离开关辅助触点输入回路及原理接线，如图 TYBZ01713001-5 所示。

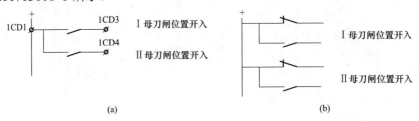

(a)   (b)

图 TYBZ01713001-5 "线 1"单元隔离开关辅助触点输入回路

(a) 动断辅助触点开入方式；(b) 动断/动合辅助触点开入方式

1. 采用强制开关的模拟盘的原理接线

图 TYBZ01713001-6 所示为强制开关的模拟盘面板图。图中，每个单元有两个绿色 LED，分别指示 I、II 隔离开关的位置状态。哪一组母线上绿灯亮，即表明该单元运行在那一组母线上。因此，需要为每一个隔离开关的刀闸位置提供一副动断辅助触点，同时为每个刀闸位置配置两个手动小开关 1SW、2SW，称之为强制开关。

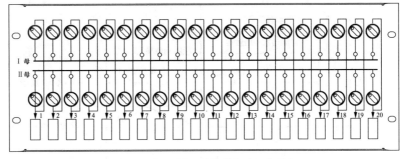

图 TYBZ01713001-6　强制开关的模拟盘面板图

强制开关有三种位置状态：自动、强制接通（手合）、强制断开（手分）。1 单元隔离开关刀闸位置强制开关的工作原理如图 TYBZ01713001-7 所示。其余单元类同。

（1）自动状态：1SW1 打开，1SW2 闭合，开入状态取决于隔离开关辅助触点。

（2）强制接通状态：1SW1 闭合，开入状态被强制为导通状态。

（3）强制断开状态：1SW1、1SW2 均打开，开入状态被强制为断开状态。

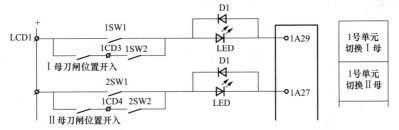

图 TYBZ01713001-7　强制开关的模拟盘原理接线图

此型模拟盘面板上设有"刀闸位置确认"按钮，当刀闸位置触点异常时，需要通过人工干预指定正确的隔离开关位置，然后按屏上"刀闸位置确认"按钮通知母差保护装置读取正确的隔离开关位置。

2. 采用双位置继电器的模拟盘的原理接线

此型模拟盘要求为每一个隔离开关位置提供一动断、一动合两个互补的辅助触点，参见图 TYBZ01713001-8。模拟盘中通过双位置继电器保证隔离开关位置开入的可靠性，而不需人工进行干预。

以下是双位置继电器的输入输出状态对应关系：

（1）动合触点闭合，动断触点打开，开入为导通状态。

（2）动合触点打开，动断触点闭合，开入为断开状态。

（3）动合触点和动断触点同时打开或同时闭合，开入保持原先状态并发出报警信号。

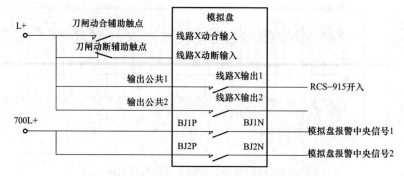

图 TYBZ01713001-8 双位置继电器的模拟盘原理接线图

每个隔离开关位置配一个变色指示灯。正常运行时,隔离开关闭合灯亮(绿色),刀闸打开灯灭。若刀闸位置动合触点和动断触点同时打开则灯亮(红色),若刀闸位置动合触点和动断触点同时闭合则灯亮(橙色)。当模拟盘失去直流电源或某元件支路动合触点和动断触点同时打开或同时闭合时,发模拟盘报警信号。该模拟盘的输入输出对应关系参见表 TYBZ01713001-3。

表 TYBZ01713001-3　　　　模拟盘的输入输出关系对应表

刀闸位置动合触点	刀闸位置动断触点	触点输出	信号指示灯	报警中央信号
闭合	打开	闭合	绿色	无
打开	闭合	打开	灭	无
打开	打开	保持原来状态	红色	有
闭合	闭合	保持原来状态	橙色	有

六、弱电开入回路(RD)

DC+24V 光耦正电源从插件背板端子 6B17 引出到屏上开入公共端 RD1 端子,供各个弱电输入触点回路使用,详见图 TYBZ01713001-9。

1. 硬压板回路

(1)保护功能投退硬压板回路。保护功能投退硬压板与各连接元件出口压板设置在机柜正面下部,共有 5 块,分别是 1LP1、1LP3~1LP6,它们分别与对应的控制字构成"与"逻辑关系,即只有控制字和压板同时投入时,相应的保护功能才能投入。

(2)投单母运行硬压板回路。该压板与"投单母方式"控制字用于两段母线运行于互联方式下将母差的故障母线选择功能退出。两者亦为"与"的关系,就地操作时,将控制字整定为"1",靠压板来投退单母方式;当远方操作时,将单母压板投入,靠远方整定单母方式控制字来投退单母方式。

图 TYBZ01713001–9　弱电输入接点回路

（3）投检修状态硬压板回路。1LP7 压板为"投检修状态"压板，用以在装置检修时，屏蔽装置与监控系统的通信。

2. Ⅰ、Ⅱ组母线电压切换开关

该装置在机柜正面左上部设置了电压切换开关 1QK。其触点图表见表 TYBZ01713001–4，它的作用是给运算程序置入标志字。

表 TYBZ01713001–4　1QK 触点位置表（LW21–16/4.1689.6）

运行方式	触点	3–4	1–2
Ⅰ母	↖	—	×
Ⅱ母	↗	×	—
双母	↑	—	—

开关位置有双母、Ⅰ母、Ⅱ母三个位置。当置在双母位置，1QK 的所有触点全部断开，相当于置入标志字"0"，表示引入装置的电压分别为Ⅰ母、Ⅱ母 TV 来的电压；当置在Ⅰ母位置，1QK 的 1–2 触点接通，相当于给投Ⅰ母电压置入标志字"1"，表示引入装置的电压都为Ⅰ母电压；当置在Ⅱ母位置，相当于给投Ⅱ母电压置入标志字"1"，表示引入装置的都为Ⅱ母电压。因此，当有一组 TV 检修或故障时，需

要把 1QK 切换到另外一组母线 TV 的位置。注意装置内设控制字 "投一母 TV" 和 "投二母 TV"，它们与 1QK 的对应位置之间为 "或" 的关系。

3. 按钮回路

机柜正面右上部有三个按钮，分别为信号复归按钮 1FA、刀闸位置确认按钮 1QA 和打印按钮 1YA。复归按钮用于复归保护动作信号，刀闸位置确认按钮是供运行人员在刀闸位置检修完毕后复归位置报警信号，而打印按钮是供运行人员打印当次故障报告。

4. 装置外部空触点接入回路

（1）母联（分段）断路器在跳位识别回路。该回路在母联充电保护逻辑中作为短时开放充电保护的判据之一，在母联失灵及死区保护逻辑中作为封母联 TA 的判据。判断母联断路器在跳位一般有两种方式，其一是跳、合位开入触点共同接入的方式。其二是仅接入跳位开入触点的方式。本装置采用仅接入跳位开入触点的方式，将母联 TWJ 为三相常开触点串联组成 "与" 门。当三相母联开关均处跳闸位置时触点闭合，向装置输入 TWJ=1。

与母联 TWJ 支路并联了 "母联检修" 压板 1LP8，当母联断路器检修时，投入该压板，确保始终维持 TWJ=1。

（2）母联非全相判据。非全相保护由母联跳位 TWJ 三相和合位三相 HWJ 三相触点起动，任一相断路器跳闸，即有 THWJ=1。

七、各单元断路器失灵启动触点输入回路（SD）

断路器失灵保护的启动方式主要有两种：

（1）采用母差保护装置本身的断路器失灵判别元件判别。对于分相跳闸的单元，装置需要引入各单元保护动作跳闸触点跳 U、跳 V、跳 W 和三跳触点 TJR/Q，共计 4 路开入至母线保护屏上相应单元的对应端子。对于三相联动跳闸的单元，则只有三跳的开入 TJR/Q，即 1 路开入至母线保护屏上相应单元的对应端子。

（2）采用各单元本身的断路器失灵判别元件判别，需要将各单元保护动作跳闸触点与对应的过电流判别元件触点按一定方式串接后，以 1 路开关量的形式接入母线保护装置。具体回路参见模块 TYBZ01709001 中图 TYBZ01709001-8。

断路器失灵启动回路的外部触点通过 SD 端子排引入，参见图 TYBZ01713001-10。该端子排按照能够满足方式 1 的条件设计，在线 1～线 20 单元中，支路 1、6、11、16 只有三跳的开入，适合接三相跳闸的单元，例如变压器等；其余支路为包括了跳 U、跳 V、跳 W 和三跳开出的端子，适合接分相跳闸的线路单元，这样可以留出更多的单元接线路。对于方式 2，由于引进装置的就是判别结果，只需 1 路开入，则不论是变压器还是线路均可任意引入其中的某一单元。

上述启动回路接通后，同时由母线保护装置的 "运行方式判别" 来确定故障支路所在的母线，则经过失灵保护的母线电压闭锁元件开放失灵保护动作跳闸回路，经跟

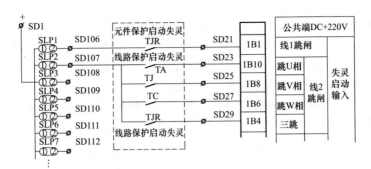

图 TYBZ01713001-10 失灵启动触点输入回路

跳延时再次动作于该线路断路器,经跳母联延时动作于母联,经失灵延时切除该元件所在母线的各个连接元件。

　　考虑到主变压器低压侧故障高压侧开关失灵时,高压侧母线的电压闭锁灵敏度有可能不够,因此可通过控制字选择主变压器支路跳闸时失灵保护不经电压闭锁,这种情况下应同时将另一副跳闸触点接至解除失灵复压闭锁开入,该

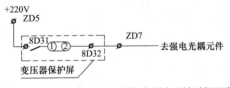

图 TYBZ01713001-11 解除失灵复压闭锁回路

触点动作时才允许解除电压闭锁。该回路在变压器保护屏上经"解除失灵复压闭锁"压板接到 ZD5、ZD7 端子,通过强电光耦引入装置内部,见图 TYBZ01713001-11。

八、母差保护各单元跳闸出口回路（CD）

　　在 CD 端子排上还有各单元跳闸出口回路,参见图 TYBZ01713001-12。

　　每个单元有两路独立的跳闸输出,每一路输出包含一副跳闸继电器动合触点串联一块跳闸出口压板。把此图与模块 TYBZ01709001 中图 TYBZ01709001-7 联系起

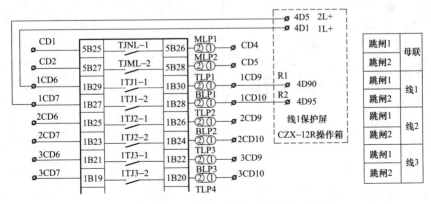

图 TYBZ01713001-12 各单元跳闸出口回路

来看，例如：线1单元1CD6、1CD9接入跳1的"三跳不启动重合闸"回路，其中，1CD6接入跳1正电源端子、1CD9接入R1回路；1CD7和1CD10接入跳2的"三跳不启动重合闸"回路。其他线路单元同理，不再赘述。

九、母线保护遥信及录波触点输出回路

装置提供母线保护中央信号、遥信及录波触点输出回路送出空触点至公用测控屏和相应的故障录波屏，如图 TYBZ01713001-13 所示。

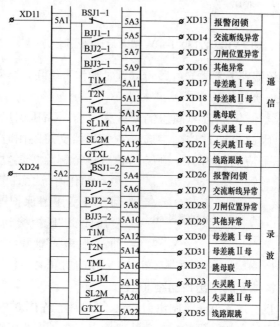

图 TYBZ01713001-13　信号开出

十、通信接口

两个 RS-485 通信接口，一个光纤通信接口（可选）如图 TYBZ01713001-14 所示。

十一、打印机交流 220V 电源输入

打印机使用的交流 220V 电源从 TD 端子排接入。

【思考与练习】

1. 简述母线差动保护屏背面端子排排列原则以及各端子排引入

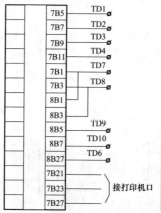

图 TYBZ01713001-14　通信接口

的回路。

2. 各支路母差保护用电流互感器二次回路接地点设在什么位置？母差保护电流回路共有几个接地点？

3. "SD" 端子排引入的是哪些回路？涉及母差保护屏外哪些设备或元件？

第十四章 备用电源自投装置的二次回路

模块 1 备用电源自投装置的二次回路 （TYBZ01714001）

【模块描述】 本模块介绍对备用电源自投装置的基本要求、变压器低压侧分段断路器的备自投。通过逐一对各部分接线图的图例分析，掌握备用电源自投装置的二次回路的接线原理。

【正文】

备用电源自动投入装置，是当工作电源因故障被断开后，能自动且迅速地将备用电源投入的一种自动装置，简称备自投装置。

一、对备用电源自投装置的基本要求

（1）工作电源断开后，备用电源才允许投入。

（2）备用电源自投装置投入备用电源断路器必须经过延时，延时时限应大于最长的外部故障切除时间。

（3）手动跳开工作电源时，备自投装置不应动作。

（4）应具有闭锁备自投装置的逻辑功能，以防止备用电源投到故障的元件上，造成事故扩大的严重后果。

（5）备用电源不满足有压条件，备用电源自投装置不应动作。

（6）防止工作母线 TV 二次三相断线造成误投备自投装置。

（7）备用电源自投装置只允许动作一次。

以变压器低压侧分段断路器自投回路为例，如图 TYBZ01714001-1 所示，正常运行时，1、2 号变压器同时运行，两台变压器各带一段母线，两段母线互为暗备用，分段断路器 3QF 断开，作为自投断路器。

当 1 号变压器故障，1 号变压器保护跳开断路器 1QF 时，或者 1 号变压器高压侧失压时，均会引起低压母线 I 段失压，此时由 1 号主变压器保护与备自投跳开 1QF

后再合上 3QF，从而保证对Ⅰ段母线负荷的连续供电。自投动作的条件是，Ⅰ段母线失压、I_1 无电流、Ⅱ段母线有电压、1QF 确已断开。检查 I_1 无电流是为了防止Ⅰ母 TV 二次三相断线引起的误动。

同理，当 2 号变压器低压母线Ⅱ段失压，此时由 2 号主变压器保护与备自投跳开 2QF 后再合上 3QF，从而保证对Ⅱ母线负荷的连续供电。自投动作的条件是，Ⅱ段母线失压、I_2 无电流、Ⅰ段母线有电压、2QF 确已断开。

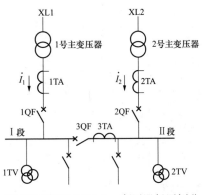

图 TYBZ01714001-1 变压器低压侧分段断路器的备自投方案接线图

二、备用电源自投装置的二次回路

现以 RCS-9651 分段开关备用电源自投保护测控装置为例，说明其二次回路。

1. 交流电流输入回路

变压器低压侧两条进线各自一相电流接入备自投装置作为进线无流判据，如图 TYBZ01714001-2 所示，其作用是防止主变压器低压侧母线上的电压互感器三相断线而造成分段断路器误投。

变压器低压侧的分段断路器的三相电流（3TA）用于备自投成功后，分段断路器的过流保护。

2. 交流电压输入回路

图 TYBZ01714001-3 中，主变压器低压侧Ⅰ、Ⅱ段母线三相电压 U_U、U_V、U_W 分别经两组电压小母线接入备自投装置的相应端子，二段母线电压主要用于母线有压、无压的判别。

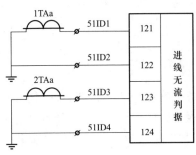

图 TYBZ01714001-2 来自于变压器低压侧进线的交流电流输入回路图

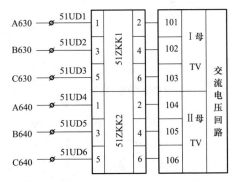

图 TYBZ01714001-3 备用电源自投装置的交流电压输入回路图

3. 强电开入回路

如图 TYBZ01714001-4 所示,变压器低压侧两台进线断路器 1QF、2QF 断路器跳闸位置接点 1TWJ、2TWJ 分别和备自投装置的端子 310、311 相连。分段断路器 3QF 的跳闸位置接点 TWJ 由分段断路器 3QF 的操作回路提供(见图 TYBZ01714001-6)。1QF、2QF、3QF 的跳闸位置接点是用来判别系统的运行方式、自投准备及自投动作。

1QF 和 2QF 的合后位置继电器动合触点 1KKJ 和 2KKJ 串联后接入备自投装置的端子 313,用来闭锁备自投。当手动跳开任一台变压器低压侧断路器时,该断路器的合后触点 1KKJ 断开(1KKJ=0),该开关量输入给端子 313,

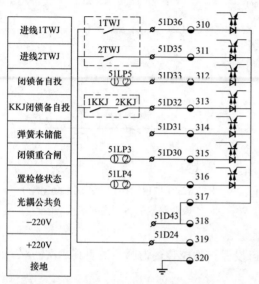

图 TYBZ01714001-4 RCS-9651 型备用电源
自投装置的开关量开入/开出回路图

进行备自投的放电闭锁。

端子 312 为外部闭锁信号闭锁备投的输入;端子 314 为由于分段断路器 3QF 弹簧未储能或气压不足而闭锁自动合闸开入(包括 3QF 的重合闸与备投动作)。

4. 跳闸和信号回路

(1)跳闸回路。如图 TYBZ01714001-5 所示,端子 301～302 为变压器低压侧进线断路器 1QF 的跳闸输出,303～304 为变压器低压侧进线断路器 2QF 的跳闸输出。

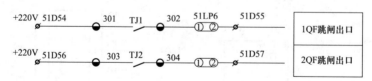

图 TYBZ01714001-5 RCS-9651 型备用电源自投装置的跳闸回路图

(2)信号回路。如图 TYBZ01714001-6 所示,备自投装置的信号回路有:端子 412～415 为遥信信号,分别表示装置报警、保护跳闸及重合闸动作、控制回路断线。端子 401～402 为装置事故总信号。端子 418～420 为分段断路器 3QF 的位置信号输出。

5. 变压器低压侧分段断路器 3QF 的操作回路

分段断路器操作回路如图 TYBZ01714001-7 所示,51QK 接点位置表如表

TYBZ01714001-1 所示。当手动跳闸时，正电源经过 51QK 的（11）-（12）端子接到分段断路器 3QF 的跳闸线圈；当保护跳闸时，正电源经过分段断路器的过流保护接点及保护跳闸的压板接到分段断路器 3QF 的跳闸线圈。

当手动合闸时，正电源经过 51QK 的（1）-（2）端子接到分段断路器 3QF 的合闸接触器；当重合闸时，正电源经过分段断路器的保护合闸接点及保护合闸的压板接到分段断路器 3QF 的合闸接触器。在合闸回路中带有合闸保持继电器 HBJ。手动合闸时启动 3QF 的合后位置继电器 KKJ，手动跳闸时复归 KKJ。

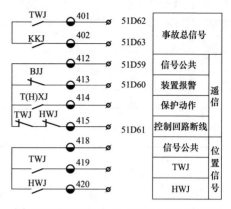

图 TYBZ01714001-6　RCS-9651 型备用电源自投装置信号回路图

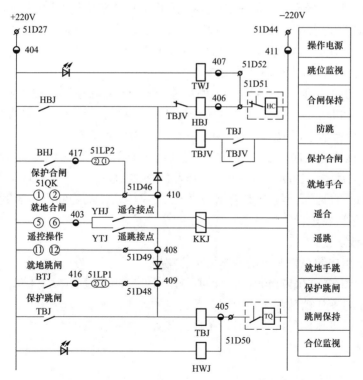

图 TYBZ01714001-7　分段断路器操作回路图

表 TYBZ01714001–1　　　　　　51QK 接 点 位 置 表

运行方式 \ 接点		1–2	3–4	5–6 7–8	9–10	11–12
跳闸	←	—	—	—	—	×
就地	↖	—	—	—	×	—
远控	↑	—	—	×	—	—
就地	↗	—	×	—	—	—
合闸	→	×	—	—	—	—

6. 备自投装置工作过程

（1）电力系统正常运行。当电力系统正常运行时，变压器低压侧断路器 1QF、2QF 在合位，分段断路器 3QF 在分位，备自投装置满足充电条件，15s 后备自投装置充电完成，备自投装置做好了动作的准备。

（2）变压器故障。当 1 号变压器发生短路故障时，1 号变压器保护动作跳开 1 号变压器低压侧断路器 1QF，1QF 跳开后，其位置接点 1TWJ=1。此时，备自投动作条件成立，即 I 母无压、进线 1 无流，II 母有压，随后经过一定的延时，备自投动作跳开 1QF（防止备用电源投入到故障元件上），并经过 1QF 的位置接点 1TWJ=1 判断，确认了 1QF 已跳开后，再如图 TYBZ01714001–7 所示，正电源接通保护合闸继电器（BHJ），合上分段断路器 3QF。

备自投动作合闸时，下列合闸支路接通，即控制直流电源正+220V（端子 404）→保护合闸出口接点（端子 417）→合闸压板→二极管→跳闭锁继电器 TBJV 动断触点→合闸保持继电器 HBJ→端子 406→断路器 3QF 的合闸线圈。

（3）变压器低压侧母线短路。当 1 号变压器低压侧 I 段母线发生短路故障时，1 号变压器的后备保护动作，跳开其低压侧断路器 1QF。由于母线故障大多为永久性故障，因此，此时不应经 3QF 合闸去再次冲击故障点，而是利用外部闭锁信号（端子 312）对备自投进行闭锁。

【思考与练习】

1. 对备用电源自投装置的基本要求有哪些？

2. 根据图 TYBZ01714001–1，说明变压器低压侧分段断路器自投动作的条件。

3. 当 1 号变压器故障时，说明其备自投的动作过程。

4. 变压器低压侧母线短路时，备自投装置是如何闭锁的？

模块 1

TYBZ01714001

国家电网公司
生产技能人员职业能力培训通用教材

第十五章 微机故障录波
装置的二次回路

模块 1 微机故障录波装置的二次回路（TYBZ01715001）

【模块描述】本模块介绍微机故障录波装置的工作电源回路、模拟量和开关量输入回路及信号回路。通过逐一对各部分接线图的图例分析，掌握微机故障录波装置二次回路接线原理。

【正文】

　　故障录波装置的二次回路包括电源回路、模拟量（电流、电压、高频）输入回路、开关量输入回路以及装置信号输出回路等，参见图 TYBZ01715001–1。其中，

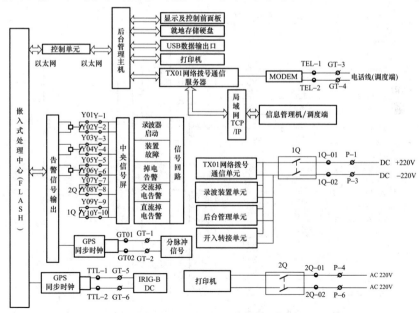

图 TYBZ01715001–1 装置系统原理图

200

接入故障录波装置的输入量有：

（1）交、直流工作电源。

（2）变电站各段母线的三相电压及零序电压。

（3）线路的三相电流及零序电流、主变压器各侧电流及中性点零序电流。

（4）线路高频保护的通道高频量。

（5）断路器的位置、线路保护动作信号、重合闸动作信号、主变压器保护动作信号、母线保护动作信号等开关量。

（6）GPS 同步信号。

故障录波装置的输出量是装置信号，包括录波启动、装置故障、失电告警等。

一、电源回路

故障录波器的工作电源是变电站直流电源，打印机电源是交流电源，参见图 TYBZ01715001-1。±220V 直流电源分别接至 P-1 和 P-3 端子，经自动空气开关 1Q 接入装置。装置电源模块将输入的 220V 直流电源经逆变、整流、滤波后变成装置所需的电压等级，如±5、±24V 等，供装置各单元使用。

打印机用 220V 交流电源分别接至 P-4 和 P-6 端子，经空气开关 2Q 接入打印机。

二、交流电压模拟量输入回路

图 TYBZ01715001-2 是 8 路交流电压模拟量输入回路原理图。交流电压模拟量

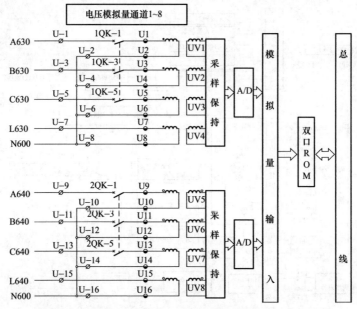

图 TYBZ01715001-2 8 路交流电压模拟量输入回路原理图

输入每 4 路为一组，分别接入 U_U、U_V、U_W 和 $3U_0$。所接电压经变换器 UV1、UV2、UV3、UV4 变换后进入采样通道。图 TYBZ01715001-2 所示是 220kV Ⅰ、Ⅱ 母线电压接入故障录波器回路原理图。Ⅰ 母电压 A630、B630、C630 经交流空气开关 1QK 接入变换器 UV1、UV2、UV3，L630 直接接入变换器 UV4。同理，Ⅱ 母电压 A640、B640、C640 经交流空气开关 2QK 接入变换器 UV5、UV6、UV7，L640 直接接入变换器 UV8。

交流电压额定电压（有效值）为 57.7V 或 100V，接入时应注意极性，否则，将影响故障测距准确性。

三、交流电流模拟量输入回路

图 TYBZ01715001-3（b）是 16 路交流电流模拟量输入回路原理图。交流电流模拟量输入每 4 路为一组，分别接入 I_U、I_V、I_W 和 $3I_0$。所接电流经变换器 UA1、UA2、UA3、UA4 变换后进入采样通道。图 TYBZ01715001-3（a）所示是 220kV 线路间隔电流接入故障录波器回路原理图。电流互感器第一组绕组 TA-1 电流 A411、B411、C411、N411 先接入线路保护 1，经线路保护 1 后回路编号为 A412、B412、C412、N412 再接入故障录波器。其他线路间隔电流接入故障录波器回路原理相同。

交流电流额定值（有效值）为 1A 或 5A，接入时应注意极性，否则，将影响故障测距准确性。

四、高频模拟量输入回路

图 TYBZ01715001-4 是 8 路高频模拟量输入回路原理图。高频收发信机通道信号录波输出接入端子排 H-1 和 H-2，经变换器 UV1 变换后进入采样通道。端子排中，标有符号"*"的为高频信号接入端子，无"*"的高频信号接地端子。

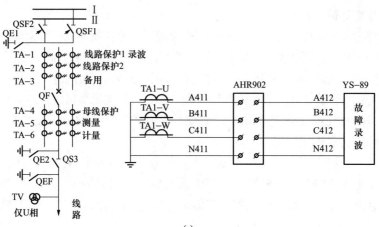

(a)

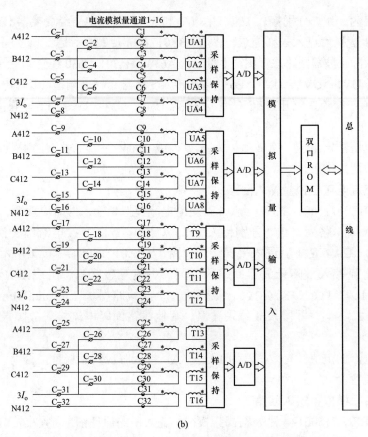

(b)

图 TYBZ01715001–3　交流电流输入回路原理图

（a）220kV 线路间隔电流接入故障录波器回路；（b）16 路交流电流模拟量输入回路

五、开关量输入回路

图 TYBZ01715001–5 是开关量输入回路原理图。开关量输入信号为动合或动断空接点，经光电隔离后送至数字采集卡。输入的空接点一端接 24V 辅助电源公共端（正极）1S–33，另一端接入相应的开关量通道输入端，如第一路开关量接到 1S–1，经光电隔离后送至数字采集卡，光电隔离器的另一端接 24V 电源负极。

图 TYBZ01715001–5 是 220kV 线路保护柜开关量接入故障录波器原理接线图。

六、装置信号输出回路

装置录波或装置发生故障时，输出告警信号开出至公用测控柜或光字牌。告警信号回路参见图 TYBZ01715001–6。其中录波启动、装置故障、掉电告警信号由相应继电器触点启动，交流掉电告警、直流掉电告警信号由自动空气开关的动断辅助触点启动。

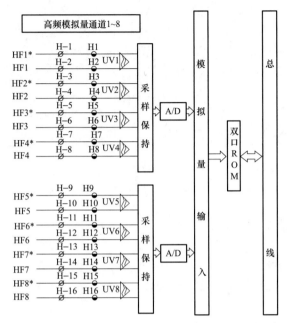

图 TYBZ01715001-4 8 路高频模拟量输入回路原理图

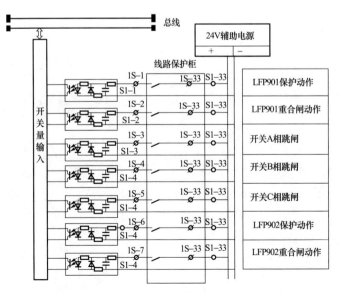

图 TYBZ01715001-5 开关量输入回路原理图

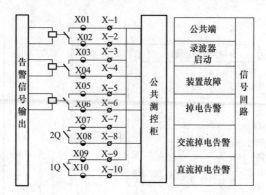

图 TYBZ01715001–6　装置告警信号输出接线原理图

【思考与练习】

1. 微机故障录波装置输入量有哪些？
2. 画出微机故障录波装置交流电流、电压输入回路接线图。
3. 画出微机故障录波装置开关量输入回路接线图。
4. 微机故障录波装置输出信号有哪些？

国家电网公司
生产技能人员职业能力培训通用教材

第十六章 变电站二次回路
接线正确性的检验

模块 1 保证变电站二次回路接线的正确性
(TYBZ01716001)

【模块描述】本模块涉及保证变电站二次回路接线的正确性的接线原则和工作要点。通过知识要点归纳分析，了解在安装调试、定期检修中为保证二次回路接线的正确性应注意的问题。

【正文】

自动装置、测控装置、保护装置要能准确反映一次设备的运行状况，完成相应的功能，必须有正确的二次回路接线作保证，这其中包括：

（1）正确的接线原理，二次回路原理图的设计要保证自动装置、测控装置、保护装置等功能的全面实现，要满足各相关规程、反事故措施对二次回路接线的要求。

（2）正确的接线原则，施工接线图的设计在完全对应原理图的前提下，在电缆敷设、屏内与屏间的接线等方面，要杜绝寄生回路的形成、防止强、弱电干扰以及交直流混接等影响装置工作性能的不正确接线方式。

（3）正确的施工方式，现场安装接线要与施工图一一对应，不得随意更改；在新安装和周期性检验等工作中，严格完成二次回路接线正确性检验所有项目。

一、保证接入各类装置开入开出量接线的正确性

开入量对微机保护、自动装置来讲，是其进行逻辑判断的必要条件，接入各类装置开入开出量必须准确地反映一次设备的状态、与其相关联的其他保护及自动装置的动作状态，才能保证装置作出正确判断，确定其动作行为。

保证接入各类装置开入开出量接线的正确性最终通过整组试验以及传动试验检查验证。

二、保证接入各类装置模拟量的正确性

在三相交流系统中，自动装置、测控装置、保护装置等所接入的模拟量，均引自对应电气间隔的电流互感器二次电流端子和电压互感器二次电压端子。必须保证引入到装置的电流电压相序、相别以及极性正确，二次绕组级别正确。

（1）相序、相别以及极性正确。

1）互感器引出端子的极性必须正确。电流互感器、电压互感器都标注有同名端，这是现场施工中保证引入到各二次设备互感器极性正确的基本依据，在新安装时，必须验证产品极性的标注是否正确、现场安装是否符合工程规定。

2）从电流互感器、电压互感器二次端子引至二次装置的接线必须正确。凡二次装置的测量元件采用矢量判别原理的，电流互感器和电压互感器二次绕组与二次装置的连接不仅需要保证相别、相序正确，同时需要保证电流互感器和电压互感器二次同名端与二次装置的同名端相连（厂家有特殊要求的除外），由此保证引入到装置的互感器极性正确。

3）对于保护用母联或分段电流互感器，保护装置有专门要求的，必须验证电流互感器的安装是否与保护制造商约定相一致。

（2）所使用互感器的二次绕组级别正确。一是二次绕组的精度要分别满足计量、测量和保护及自动化装置的要求、二是计量、测量和保护及自动化装置要接入正确的绕组。

（3）电压互感器、电流互感器二次回路的接地及与二次设备之间的连接，要完全符合 GB/T 14285—2006《继电保护和电网安全自动装置技术规程》的相关规定。

保证接入到各类装置的模拟量的正确性最终需要做带负荷相量试验。

三、保证直流电源回路接线的正确性

对装置的直流熔断器或自动空气开关及相关回路接线的正确性的基本要求是：不应出现寄生回路。

（1）保护及自动化装置和控制回路等直流电源由端子排配对引入，即安装接线图一定要按"专用端子对"配对接线，安装时，严格按图施工，防止各继电器之间的连线因某只螺丝松动而失去电源，形成寄生回路。

（2）公用一组熔丝的每一套独立的保护装置，必须从直流电源正、负专用端子配对供电，不允许各保护间正、负直流电源混接。即使一套独立保护装在不同保护屏上亦是如此。

（3）由一套装置控制多组断路器时，保护装置与每一断路器的操作回路应分别由专用的直流熔断器或空气断路器供电。

（4）分别由不同熔断器、自动空气开关供电或不同专用端子对供电的各套保护

装置的直流逻辑回路间不允许有任何电的联系，这一套保护的全部直流回路，包括出口继电器的线圈回路，只能从这一对专用端子配对取得直流的正、负电源，如确有需要，必须经空触点隔离。

（5）有两组跳闸线圈的断路器，其每一跳闸回路应分别由专用的直流熔断器或自动空气开关供电。

（6）信号回路应由专用的直流熔断器或自动空气开关供电，不得与其他回路混用。

四、保证"双重化"配置的二次回路接线正确性

220kV及以上系统设备的继电保护装置是"双重化"配置。所谓"双重化"的内涵是"两套保护之间不应有任何电气联系，当一套保护退出时不应影响另一套保护的运行"。因此在设计和施工过程中，应特别注意验证回路满足以下要求：

（1）两套主保护的电压回路宜分别接入电压互感器的不同二次绕组。电流回路应分别取自电流互感器互相独立的绕组，并合理分配电流互感器二次绕组，避免可能出现的保护死区。分配接入保护的互感器二次绕组时，还应特别注意避免运行中一套保护退出时可能出现的电流互感器内部故障死区问题。

（2）双重化配置保护装置的直流电源应取自不同蓄电池组供电的直流母线段。

（3）两套保护的跳闸回路应与断路器的两个跳圈分别一一对应。

（4）双重化的线路保护应配置两套独立的通信设备（含复用光纤通道、独立光芯、微波、载波等通道及加工设备等），两套通信设备应分别使用独立的电源。

（5）双重化配置保护与其他保护、设备配合的回路应遵循相互独立的原则。

（6）双重化保护的电流回路、电压回路、直流电源回路、双跳闸绕组的控制回路等，两套系统不应合用一根多芯电缆。

五、保证必要的二次回路抗干扰措施

抗干扰措施是保障微机装置安全运行的一个重要环节，在设备投运或是服役前应认真检查控制电缆的敷设以及保护和安全自动装置各电源端口、输入端口、输出端口、通信端口、外壳端口和功能接地端口等要严格按照GB 14285—2006《继电保护和安全自动装置技术规程》的规定，根据干扰的具体特点和数值适当确定设备的抗扰度要求和采取必要的减缓措施。

【思考与练习】

1. 施工接线图的设计在完全对应原理图的前提下，还有什么特殊要求？

2. 安装图的设计如何保证不形成寄生回路？

3. 保证"双重化"配置的二次回路接线正确性，应满足什么要求？

模块 2 检验二次回路接线正确性的方法
（TYBZ01716002）

【模块描述】 本模块介绍检验二次回路接线正确性的各种方法。通过知识要点归纳分析，熟悉对新安装设备以及一、二次设备检修中验证和检验二次回路接线正确性的不同方法。

【正文】

验证二次回路接线正确性的工作内容，在《继电保护和电网安全自动装置检验规程》中有具体规定，这里主要介绍在验证工作中常用的几种方法（一般在完成回路的绝缘检查后进行）。

一、开关量输入、输出回路的正确性检验

开关量输入、输出回路检验应按照装置技术说明书规定的试验方法进行。

（1）新安装装置验收时的回路检验。

1）在保护屏柜端子排处，对所有引入端子排的开关量输入回路依次加入激励量，观察装置的行为。

2）分别接通、断开连接片及转动把手，观察装置的行为。

3）在装置屏柜端子排处，依次观察装置所有输出触点及输出信号的通断状态。

（2）全部检验时，仅对已投入使用的开关量按照上述方法进行观察。

（3）部分检验时，可随装置的整组试验一并进行。

（4）如果几种保护共用一组出口连接片或共用同一告警信号时，应将几种保护分别传动到出口连接片和保护屏柜端子排。如果几种保护共用同一开入量，应将此开入量分别传动至各种保护。

（5）综自系统、故障信息管理系统开入信号回路的检查，目前通用的方法是根据设计图纸列出开入信号的对点检测表。表格的主要内容有信号信息的定义名称、采集信号的设备、端子编号、回路编号、回路所经过的端子箱、屏（柜）的名称（地址）及端子编号。所进入装置的名称（地址）及端子编号等，按照对点检测表逐个的进行检查，在每个信号的采集处将信号开入量短接，从后台机的显示器上观察，所打出的信息是否一一对应。然后，再和集控中心逐个核对。对点检测表亦是运行维护中不可缺少的资料之一。

二、直流电源的专用端子对检查

直流端子对的检查，可在与设计图纸进行对照的基础上，再用分别断开回路的一些可能在运行中断开（如熔断器、指示灯等）的设备及使回路中某些触点闭合的方法检验直流回路确实没有寄生回路存在。

三、断路器、隔离开关、变压器有载调压开关的控制回路检查

通过操作传动试验验证断路器、隔离开关、变压器有载调压开关控制回路接线的正确性，应根据图纸，按事先编制好的传动方案进行。依次在断路器、隔离开关、变压器有载调压机构箱、在保护或测控屏处进行就地操作传动试验。再在变电站后台机和集控中心用键盘和鼠标进行遥控操作传动试验。

四、互感器回路正确性检验

1. 电流、电压互感器的检验

主要验证电流、电压互感器各次绕组的连接方式及其极性关系是否与设计符合，铭牌上的极性标识是否正确、相别标识是否正确。

（1）厂家电流、电压互感器试验资料的验收：① 所有绕组的极性；② 所有绕组及其抽头的变比；③ 电压互感器在各使用容量下的准确级；④ 电流互感器各绕组的准确级（级别）、容量及内部安装位置；⑤ 二次绕组的直流电阻（各抽头）；⑥ 电流互感器各绕组的伏安特性。

（2）互感器极性的测量。互感器的极性一般是按"减极性"的原则确定的，这种方法标出来的一次电流 i_1 和二次电流 i_2 同方向如图 TYBZ01716002–1 所示。工程中中标示 L1 的一次端子是带有小套管的一端，L1 和二次端子 K1 为同名端，我们称之为极性端，用"*"号表示。而另外一对同名端 L2 和 K2 我们称之为非极性端。

同理，用该方法标示出来电压互感器的一、二次电压是同相位的。图 TYBZ01716002–2 所示的电压互感器中，其一次绕组的首尾分别为 A、X，二次绕组的首尾分别为 a、x 表示，A 与 a 为一、二次电压的极性端。U_1 的正方向从 A 指向 X，U_2 的正方向从 a 指向 x。

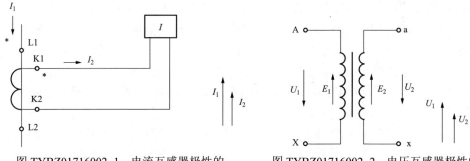

图 TYBZ01716002–1　电流互感器极性的　　　　图 TYBZ01716002–2　电压互感器极性的
标注和一、二次电流的相量图　　　　　　　　标注和一、二次电压的相量图

现场进行极性检验主要是确保二次回路的连接，要保证当被保护设备故障时，对于电流互感器 TA 二次侧极性端流出的故障电流应流向保护装置的极性端，对于

电压互感器，TV 二次极性端应与保护装置的极性端电压同相位，则一次系统的故障情况，完全可以用二次侧的电流电压来分析判断。

1）线路保护电流互感器极性测量原则。确定电流互感器的极性通常以母线指向线路（或电气元件）为正方向。譬如双母线接线的电流互感器一次端子 L1 应接母线侧，则一次电流从 L1 流入互感器为正，从 L1 流出互感器为负。二次端子应采

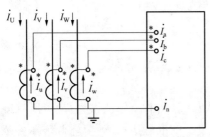

图 TYBZ01716002–3　电流互感器与
二次设备的连接

用正引出，即对于三相电流互感器，分别从三相极性端 K1 引出 $\dot{I}_u$、$\dot{I}_v$、$\dot{I}_w$，非极性端三相 K2 并接为中性线 $\dot{I}_n$，引入到装置的同极性端。在现场检测电流互感器极性时必须注意互感器的实际安装位置，当一次电流从母线指向线路（或电气元件）时，二次电流从互感器的极性端流出，应通过二次装置的电流极性端流入装置内部，经中性线回流到 TA 非极性端，如图 TYBZ01716002–3 所示。

2）母线保护用电流互感器极性测量原则。母线保护用各单元电流互感器二次端子亦统一采用正引出，非极性端三相并接为中性线 I_n，引入到母线保护屏上一点接地。则当一次电流从线路（或电气元件）流向母线时，TA 二次电流从非极性端流出，经保护装置的电流非极性端回流到该相 TA 极性端。在检测电流互感器极性时必须注意互感器的实际安装位置，判断清楚一次电流的流向。

3）母联（分段）电流互感器极性测量原则。母联（分段）电流互感器极性端一般要求靠母联断路器侧安装。对于母联双侧均安装了电流互感器，参加 I、II 组母差电流比相应交叉接入。对于只有一侧电流互感器的，要根据母线保护说明书中的约定和互感器的实际安装位置，判断清楚一、二次电流的流向。

4）电压互感器的极性测量原则。确定电压互感器的极性时，通常规定母线电压高于大地电压为正，也就是说电压互感器一次端子 A 应接相线，而另一端子 X 接地。对于母线电压互感器，二次工作绕组分别从三相极性端 a 端引出 $\dot{U}_u$、$\dot{U}_v$、$\dot{U}_w$，非极性端三相并接为中性线 $\dot{U}_n$，先连接到同名电压小母线，再引入到装置的同名端。

2. 交流电压回路加压试验

采用外加试验电压的方法，在电压互感器的各二次绕组分别加入额定电压，逐个检查各二次回路所连接的保护装置、自动装置、测控装置中的电压相别、相序、数值，是否与外加的试验电压一致。在做此项试验时要特别注意，做好防止电压互感器二次向一次反供电的安全措施。

3. 交流电流回路通电试验

最好在传动试验完成后进行。采用通入外加试验电流的方法，从电流互感器的

各二次绕组接线端子处向负载端通入交流电流，逐个检查各二次回路所连接的保护装置、自动装置、测控装置中的电流相别、数值，是否与外加的试验电流一致。新安装时，需要测定回路的压降，计算电流回路每相与中性线及相间的阻抗（二次回路负担）。将所测得的阻抗值按保护的具体工作条件和制造厂家提供的出厂资料来验算是否符合互感器10%误差的要求。定期检验时，注意与历史数据相对照。

五、继电保护及自动装置的整组与传动试验

整组与传动试验主要包括如下内容：

（1）整组试验时应检查各保护之间的配合、装置动作行为、断路器动作行为、保护起动故障录波信号、调度自动化系统信号、中央信号、监控信息等正确无误。

（2）借助于传输通道实现的纵联保护、远方跳闸等的整组试验，应与传输通道的检验一同进行。必要时，可与线路对侧的相应保护配合一起进行模拟区内、区外故障时保护动作行为的试验。

（3）对装设有综合重合闸装置的线路，应检查各保护及重合闸装置间的相互动作情况与设计相符合。

首先使用模拟断路器做保护及自动装置的整组试验，模拟断路器宜从操作箱出口接入，并与装置、继电保护测试仪等试验器构成闭环。

然后再将保护及自动装置接到实际的断路器回路中，进行必要的跳、合闸传动试验，以检验各有关跳、合闸回路、防止断路器跳跃回路、重合闸停用回路及气（液）压闭锁等相关回路动作的正确性。检查每一相的电流、电压及断路器跳合闸回路的相别是否一致。检验断路器、合闸线圈的压降不小于额定值的90%。

定期检验时允许用导通的方法证实到每一断路器接线的正确性。一般情况下，母线差动保护、失灵保护及电网安全自动装置回路设计及接线的正确性，要根据每一项检验结果（尤其是电流互感器的极性关系）及保护本身的相互动作检验结果来判断。

试验结束后应在恢复接线前测量交流回路的直流电阻，并与历史数据进行比照。例如电压回路自互感器引出端子到配电屏电压母线的每相直流电阻，并计算电压互感器在额定容量下的压降，其值不应超过额定电压的3%。

部分检验时，只需用保护带实际断路器进行整组试验。

六、用一次负荷电流及工作电压验证模拟量输入回路的正确性

新安装或经更改的电流、电压回路，必须用一次电流及工作电压加以检验和判定后方能正式投入运行。其方式是先根据当时负荷情况（电流、有功功率、无功功率）判断出各项电流电压相位情况、不平衡电流情况，拟订预期的检验结果，然后实测负荷电流和实际工作电压，并做相量图进行比较；凡所得结果与预期的不一致时，应进行认真细致的分析，查找确实原因，不允许随意改动保护回路的接线。

（1）电压互感器在接入系统电压后，应测量每一个二次绕组的电压、相间电压

和零序电压，检验电压相序，核相。

（2）在被保护线路（设备）有负荷电流之后（一般应超过 20%的额定电流），应在电流二次回路测量每相及零序回路的电流值，测量各相电流的极性及相序是否正确，核相。对新安装及更换后的电流互感器，要特别注意对零序电流回路的不平衡电流进行分析，防止电流互感器二次回路分流等接线错误导致保护的不正确动作。

（3）当电流互感器回路接有中间变流器时，不能只测量中间变流器一次侧的电流，还应测量接入保护的各侧电流相位，才能判断二次接线的正确性。

（4）测量相关的电压、电流间的相位关系，符合预期的检验结果。

（5）检查利用相序滤过器构成的保护所接入的电流（电压）的相序是否正确、滤过器的调整是否合适。

（6）测量电流差动保护各组电流互感器的相位及差动回路中的差电流（或差电压），以判明差动回路接线的正确性及电流变比补偿回路的正确性。所有差动保护在投入运行前，除测定相回路和差回路外，还必须测量各中性线的不平衡电流、电压，并对结果进行分析，以保证装置和二次回路接线的正确性。

（7）对变压器差动保护，需要用在全电压下投入变压器的方法检验保护能否躲开励磁涌流的影响。

（8）对于新安装变压器，在变压器充电前，应将其差动保护投入使用。在一次设备运行正常且带负荷之后，再由试验人员利用负荷电流检查差动回路的正确性。

（9）对使用电压互感器三次电压或零序电流互感器电流的装置，应利用一次电流与工作电压向装置中的相应元件通入模拟的故障量或改变被检查元件的试验接线方式，通过装置的动作行为判明装置接线的正确性。

（10）对导引线保护，须进行所在线路两侧电流电压相别、相位一致性的检验。须以一次负荷电流判定导引线极性连接的正确性。

（11）对各类纵联保护及单相重合闸，须进行所在线路两侧电流电压相别、相位一致性的检验。采取该方式时，要首先确保操作票的正确性。

（12）定期检验时，如果设备回路没有变动（未更换一次设备电缆、辅助变流器等），只需用简单的方法判明曾被拆动的二次回路接线确实恢复正常（如对差动保护测量其差电流、用电压表测量继电器电压端子上的电压等）即可。

以往的带负荷试验必须通过伏安相位表来实现。现在的微机保护具有先进的自检功能，它的显示窗口可以观察有功功率、无功功率、各相电流电压的有效值，也可以通过采样值看到进入装置内各路模拟量的幅值和相位关系。因此，综合利用这些参数亦可以准确判断分析接入装置的模拟量是否正确。

【思考与练习】

1. 如何保证接入到二次装置电流互感器极性的正确性？

2. 交流电流回路通电的作用和方法？

3. 怎样用一次负荷电流及工作电压检验模拟量开入回路的正确性？

第十七章 二次回路运行

模块 1 二次回路中常见异常及处理（TYBZ01717001）

【模块描述】本模块介绍变电站二次回路常见异常及处理方法。通过知识要点的归纳总结，掌握二次回路异常识别和处理能力。

【正文】

变电站二次回路由于其系统庞大、运行环境差别大等原因，使二次回路在运行中容易出现异常、发生故障。运行中，二次回路常发生异常的情况主要有以下几个方面：

（1）直流回路接地。

（2）断路器控制回路断线。

（3）交流电压二次回路断线。

（4）电流回路断线或极性错误。

（5）开关量输入回路异常。

（6）变压器本体二次回路绝缘损坏。

（7）高频保护通道异常。

现就以上二次回路异常的几个方面，作具体说明。

一、直流回路接地

变电站的直流是对地绝缘系统，如果仅发生直流回路一点接地，没有形成回路，接地点没有短路电流流过，不会造成异常事故。但是如果不及时处理，再发生另一点接地，就有可能引起控制回路或保护回路的误动作。以图 TYBZ01717001–1 所示的控制回路为例说明。

1. 两点接地可能造成断路器误跳闸

当直流接地发生在 A、B 两点时，电流继电器 1KA、2KA 触点被短接，将造成中间继电器 KC 动作而跳闸。当发生 A、C 两点接地时，因短接 KC 触点而跳闸。在 A、D 两点接地，同样能造成断路器误跳闸。

2. 两点接地可能造成断路器拒动

当直流接地发生在 B、E 两点，将出口继电器 KC 短接或直流接地发生在 D、E

两点或 C、E 两点，将跳闸线圈 YT 短接，断路器都可能发生拒动的情况。

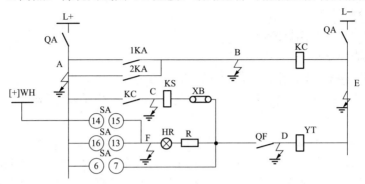

图 TYBZ01717001-1　直流系统接地情况图

3. 两点接地引起自动空气开关跳闸

当直流接地发生在 A、E 两点，会引起自动空气开关 QA 跳闸。当接地点发生在 B、E 或 C、E 两点，将造成直流电源短路隐患自动空气跳闸。当保护动作时，不仅会引起断路器拒跳，同时还可能烧坏继电器的触点。

在运行中发生直流系统接地，要尽快找到并消除接地点，以保证整个直流系统的安全运行。在查找接地点时，一般采用逼近和试停方法来进行。首先，要将所有的供电环网解列，由一端供电。先判明是一段母线接地还是二段母线接地，然后再将接地段母线上各支路开关，逐个短时断开，判明是哪条支路发生接地。确定接地支路后，再逐个断开各用电设备，就这样将范围逐渐缩小，直到查到具体的接地点。在查找过程中要根据运行方式、操作情况、气候影响进行判断可能接地的场所，采取拉路寻找分段处理的方法，以"先信号和照明部分，后操作和保护部分；先室外部分，后室内部分"为原则。在切断各专用直流回路时，切断时间应尽量短，一般不得超过 3s，不论回路接地与否均应合上。当发现某一专用直流回路有接地时，应及时查出接地点，并尽快消除。在查找直流回路接地时，应特别注意以下事项：

（1）查找接地点禁止使用灯泡寻找的方法。

（2）用仪表检查时，所用仪表的内阻不应低于 2000Ω/V。

（3）当直流发生接地时，禁止在二次回路上工作。

（4）处理时不得造成直流短路和另一点接地。

（5）查找和处理必须至少由两人同时进行。

（6）拉路前应采取必要措施，以防止直流失电可能引起的保护及自动装置的误动。

二、断路器控制回路断线

断路器控制回路断线信号用来监视断路器跳、合闸回路是否正常。运行中断路器控制回路断线的主要原因有：

（1）控制电源失去。

（2）断路器辅助触点不通。

（3）跳、合闸线圈烧断。

（4）压力闭锁动作。

当出现断路器"控制回路断线"信号时，首先检查控制电源保险是否熔断和控制电源开关是否跳闸。重点要检查串接在跳、合闸回路中的断路器辅助触点是否调整得当。

断路器跳、合闸线圈烧断会造成控制回路断线，断路器不能分、合。此外，对于断路器的双跳闸线圈，一个接在主跳回路，另一个接在辅跳回路。如果保护装置也是双套配置的，这两套保护的出口回路分别接在两个跳闸回路中，这种情况下一定要注意两个跳闸线圈接线的极性保持一致。否则，当发生故障两套保护同时动作时，断路器将可能拒动。这种情况不会发控制回路断线信号，在保护试验时应加以检验。

对于气（液）压机构操作的断路器，一定要注意气（液）压力降低的闭锁触点，在接入回路中不同的压力按要求去闭锁不同的回路。压力降低闭锁跳、合闸后，断路器跳、合闸回路被切断，断路器不能分、合并发控制回路断线信号。

三、交流电压二次回路断线

交流电压二次回路断线是运行中常发生的情况。这种情况可能造成距离保护等阻抗元件的误动作，给继电保护的安全运行带来威胁。

发生交流电压二次回路断线多由于以下三个方面的原因。

（1）电压互感器隔离开关的辅助触点切换回路。电压互感器隔离开关的辅助触点是机械传动的部件，多次操作后，有可能发生变位，容易产生触点接触不良的情况，造成交流电压小母线交流失压，所有运行在该母线的电气间隔设备保护均发"TV失压"信号。

（2）出线间隔、主变压器间隔Ⅰ母或Ⅱ母隔离开关辅助触点切换回路。保护所取电压是经操作箱中继电器切换的，切换继电器受Ⅰ母或Ⅱ母隔离开关辅助触点控制，当辅助触点接触不良时，会造成该间隔设备保护失压。

（3）交流电压回路上工作造成交流电压短路失压。当有工作人员在交流电压二次回路上工作时，如果采取的安全措施不得当或工作人员不小心，很容易发生交流电压二次回路的接地或短路，造成电压互感器二次回路的自动空气开关跳闸，使小母线交流失压。针对这种情况，当有工作人员在交流电压二次回路上工作时，要注意制定完备的安全措施，加强对工作人员的监护。当发生电压互感器二次回路的自动空气开关跳闸时，立即合上，使保护装置失去交流电压的时间尽可能的短。

四、电流回路异常

电流回路异常主要是电流回路断线和电流互感器极性错误。

电流回路断线一般发生在有电流切换的电流回路中，如中阻抗母线保护的电流回路。发生电流回路断线时应检查切换继电器是否正确动作。

电流互感器极性的正确性对继电保护、自动装置的正确工作，对测控装置的正确测量起着关键性的作用。为此，必须始终保持运行中的电流互感器以正确的极性接入各类装置。在现场工作中，经常需要改动电流回路，如电流互感器做预防性试验或伏安特性试时，要拆动二次绕组的端子，在恢复时可能把电流互感器极性接错。因此，当电流回路发生改动后，一定要核对接线正确性。在一次设备带负荷后，通过带负荷测向量，确保交流电流电压回路的极性、相位及变比的正确性。

五、开关量输入回路异常

保护装置正确动作的前提是正确的模拟量和开关量输入，譬如微机保护装置中，各种保护投、退是通过压板操作以开关量输入方式开入保护装置的。运行中开关量输入回路异常主要是开关量输入回路接口电源公共端螺丝松动造成接口电源失去，出现这种情况时，保护装置开关量输入回路失效，所有保护均退出运行。因此，在运行巡视时，不但要查看保护屏中压板是否投入，而且还要查看保护装置中开关量输入状态是否正常。

六、变压器本体二次回路绝缘损坏

变压器本体所接的二次回路主要有瓦斯继电器、压力释放器、温度计、变压器冷控、有载调压等部分。这部分在二次系统因为裸露在外，容易受到风吹雨淋，而且变压器本体在运行中温度较高，这样对二次电缆及其他电器设备的绝缘带来损害，很容易老化，如不注意维护可能发生故障。

在运行中最常见的是瓦斯继电器、压力释放器的接线端子进水或受潮引起的短路，而造成保护误动作或误发信号。防止的对策是：

（1）在瓦斯继电器的顶盖上加防雨罩。

（2）接线的电缆从端子盒出来一定要有一个向下的弧度，不要通过电缆将雨水引入端子盒。

为了防止变压器本体二次回路出现异常情况，要加强对这部分回路的绝缘监督。在定期检验中，或有停电检查的机会时，对其二次回路进行绝缘检验，发现问题要及时处理。

七、高频保护通道异常

利用架空线构成的高频通道因受到环境、外力、气候、干扰信号的影响，常有发生衰耗增大的现象，有时甚至影响了高频收发信机的正常接收，出现异常。在运行中高频保护每天要通过交换高频信号，来检查高频通道是否完好。

如果衰耗增加使收发信机不能正常工作，则高频保护会发出"高频保护通道异常"的信号。这时，变电站运行人员要及时退出高频保护，由继电保护人员检查处理。一般发生这类问题有以下几种可能：

（1）受气候变化的影响，当阴雨、冰雪、大雾天气时容易造成高频信号衰耗的增加。

（2）受干扰信号的影响，造成收发信机频繁启动。

（3）通道原因造成的信号短路现象。

（4）通道设备参数配置不当造成信号不能正常传输。

为防止高频保护通道异常要注意从以下方面检查处理：

（1）保证信号传输芯线与屏蔽层（地）之间的绝缘。

（2）注意通道设备参数的配合，正确选用结合滤过器的抽头。

（3）正确选择高频收发信机的中心频率，尤其注意和相邻高频设备的频率隔离。

（4）做好抗干扰的措施，按照反措要求与高频电缆并行敷设 $100mm^2$ 接地铜排，以降低电网发生接地故障时，高频电缆两接地端之间电位差。

（5）正确选择高频电缆的长度，减小波阻抗反射的影响。

（6）做好高频通道的反措工作。在结合滤波器和高频电缆芯线之间串接电容器，抑制工频故障电流，保证电网接地故障时，高频通道正常工作。

【思考与练习】

1. 查找直流接地应注意哪些问题？

2. 高频通道异常时应如何处理？

3. 断路器控制回路断线有哪些原因？

4. 造成交流电压断线的原因有哪些？

5. 说明开关量输入回路对保护装置的重要性。

模块 2　由二次回路接线错误引起的事故举例
（TYBZ01717002）

【模块描述】本模块列举了由二次回路接线错误引起的事故案例。通过典型案例分析，了解二次回路重要性，提高事故防范能力。

【正文】

由于二次回路设计、接线错误造成的事故，在电力系统中时有发生。本模块通过电网发生的事故案例，说明二次回路接线正确性，对保证继电保护正确动作，确保电力系统安全运行的重要作用。

一、失灵保护误动作造成的 110kV 母线失压事故

某 330kV 变电站 2003 年 2 月 2 日 6 点 47 分发生 330kV 某线路 V 相瞬时性接地故障，同时，110kV Ⅰ、Ⅱ母母差保护动作，跳开两段母线所有断路器，母线失压，迫使 5 座 110kV 变电站全停，造成了较大面积的停电事故。现场检查母差保护屏的动作信号为：Ⅰ段母线失灵保护动作、Ⅱ段母线失灵保护动作、低电压动作。

事故原因初步判定为 110kV 失灵保护误动。经现场检查、分析，查明了事故发生的确切原因是由于该变电站某新投运的 110kV 双回线的失灵启动回路接线错误，再加上 330kV 某线路 V 相发生瞬时性接地故障造成的电压降低，导致了这次事故的发生。造成失灵启动回路接线错误的具体情况如下。

新投运的 110kV×× 双回线设计并交厂家确认的失灵启动回路接线如图 TYBZ01717002-1 所示。

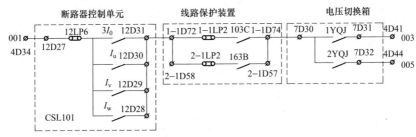

图 TYBZ01717002-1　设计并交厂家确认的失灵启动回路接线图

失灵启动回路由三部分构成：

（1）CSI-101 断路器控制单元中的相电流启动元件。

（2）保护动作的出口元件，这里线路保护是双配置的，一套是 CSL-103C 线路纵差保护，一套是 CSL163B 线路距离零序保护。

（3）隔离开关位置触点，用来判别接入哪一段母线，这里用电压切换箱 YQX-11 的继电器动合触点来实现。

失灵启动回路的输出接线是：001 接在母差保护屏失灵启动端子排的正电源，003 接启动Ⅰ母失灵回路，005 接启动Ⅱ母失灵回路。设计图纸将端子 12D27-4D34、7D31-4D41、7D32-4D44 短连起来，失灵启动回路至母线保护屏的输出电缆芯都接在操作箱端子排 4D 上。

厂家在组屏配线时没有按设计图接线，屏内的实际接线如图 TYBZ01717002-2 所示。

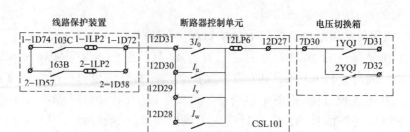

图 TYBZ01717002-2　厂家实际配线的失灵启动回路接线图

从虚框内的接线来看，失灵启动回路的接线没有错，但是，从虚框内外的连接来看，原 12D27 端子接 4D34 端子应改为 1D74（1D57）接 4D34 端子。在现场安装接线过程中，没有认真核对设计图和出厂图，更没有认真检查出厂的屏内接线，只是按设计图将端子 12D27-4D34、7D31-4D41、7D32-4D44 短连起来，并按 4D 的端子号将电缆芯线接入。实际接线如图 TYBZ01717002-3 所示。

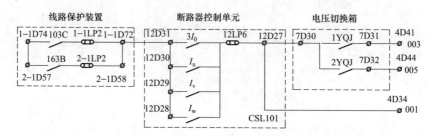

图 TYBZ01717002-3　现场安装实际配线的失灵启动回路接线图

这样的接线只要合上隔离开关，就会接通失灵启动回路。双回线在运行中线路 I 接在 I 母上，线路 2 接在 II 母上，它们分别接通了 I 母失灵启动回路和 II 母失灵启动回路。母差保护屏是 WMZ-41 型，当失灵启动回路接通，保护屏上无任何信号。这样自该双回线路投运以来，双母线的失灵启动就一直接通着，只要失灵保护的低电压闭锁回路开放，I 母和 II 母的失灵保护动作就会出口，跳开 110kV 母线上的所有断路器。

这是典型的因二次线错误导致保护误动事故的案例。

二、主变压器零序差动保护误动作造成的变压器失压事故

2004 年 7 月 5 日 20 时 53 分，某 330kV 变电站一条 110kV 出线 W 相 15.31km处发生瞬时接地故障，该线路零序 II 段、距离 II 段保护动作，开关跳闸，重合成功。与此同时，1 号主变压器 RCS-978 保护装置零序比率差动保护动作，三侧断路器跳闸。属于误动作。

自耦变压器零序差动保护电流回路的正确接线如图 TYBZ01717002-4 所示。

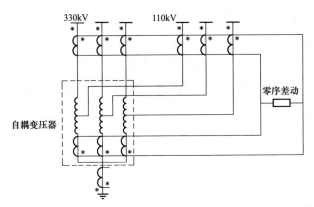

图 TYBZ01717002-4　自耦变压器零序差动保护电流回路的正确接线图

按照图中所示,零序差动保护用的电流互感器极性关系应该是:330kV 和 110kV侧以母线为正,确定极性,二次从极性端引出;公共绕组侧以中性接地点为正,确定极性,二次从极性端引出。

现场检查,实际接线是 330kV 和 110kV 侧电流互感器的接线与极性引出均正确,而中性点侧电流互感器的极性接错,使区外故障被误判为区内,导致保护误动。

这是典型的因电流互感器极性错误导致保护误动事故的案例。

三、电流回路接线错误造成保护拒动

1990 年 7 月 2 日 16 时 41 分,220kV 甲乙线发生单相接地故障,甲侧继电保护装置拒动,使甲站出线对侧零序后备保护动作,造成甲站全站停电(故障前甲、乙线两套高频保护均因装置缺陷退出运行)。

事故后经到现场检查发现,造成这次保护拒动的原因为在保护屏的端子 1D17和 1D18 之间跨有一条短线,如图 TYBZ01717002-5 所示,发生故障时,$3I_0$ 经过这条短跨线流回中性线,使零序电流元件和零序功率方向元件电流线圈被短路,造成方向零序保护拒动。

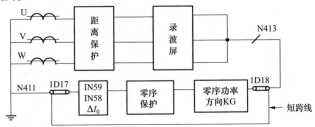

图 TYBZ01717002-5　1017、1018 之间跨线示意图

这是一起因二次线错误导致保护拒动,造成上级保护越级误动事故的典型案例。

【思考与练习】

1. 试分析图 TYBZ01717002–4 差动回路接线的正确性。

2. 如何避免因新建工程错接线造成的事故？

3. 说明如何从定期检验上发现电流继电器被短接造成的保护拒动。

模块
2

TYBZ01717002

国家电网公司
生产技能人员职业能力培训通用教材

第十八章　二次回路产生干扰的原因及抗干扰措施

模块 1　二次回路干扰电压的来源（TYBZ01718001）

【模块描述】本模块介绍二次回路干扰电压的来源。通过对知识要点的归纳总结、图例分析，了解二次回路干扰源及干扰途径。

【正文】

一、干扰源

干扰是指影响保护装置正常工作的全部电磁信号。二次回路的干扰信号主要来源于电力一次系统、二次回路、雷电波及无线电信号等。

来自于保护装置外部的干扰是由电气设备辐射的电磁波而产生的，是通过保护装置的输入/输出线、电源线、地线（包括机壳）引入的；来源于保护装置内部的干扰有杂散电感和电容的结合引起的不同信号感应，长线传输造成电磁波的反射，多点接地造成的电位差而产生的。具体的，变电站内电磁干扰主要包括：

（1）高压电路开、合操作或绝缘击穿、闪络引起的高频暂态电流和电压。

（2）故障电流引起的地电位升高和高频暂态。

（3）雷击脉冲引起的地电位升高和高频暂态。

（4）工频磁场对电子设备的干扰。

（5）低压电路开、合操作引起的电快速瞬变。

（6）静电放电。

（7）无线电发射装置产生的电磁场。

上述各项干扰电平与变电站电压等级、发射源与感受设备的相对位置、接地网特性、外壳和电缆屏蔽特性及接地方式等因素有关，应根据干扰的具体特点和数值适当确定设备的抗扰度要求和采取必要的减缓措施。

模块 1

TYBZ01718001

二、干扰的途径

1. 静电耦合方式

图 TYBZ01718001-1 示出两根导线间电容耦合的表示方法及等效电路，图中分布电容均用集中电容表示，C_{1G} 和 C_{2G} 为对地电容，R 为对地电阻，C_{12} 为导线间的耦合电容，U_N 为由干扰源 U_1 经过静电耦合而产生的干扰电压。当 C_{12} 的容量越大，C_{2G} 的容量越小，R 值越大时，U_N 就越大，干扰就越严重。当 R 很小时，可忽略 C_{2G}，这时 C_{12} 容量越大，或者 U_1 的频率越高，U_N 也越大。

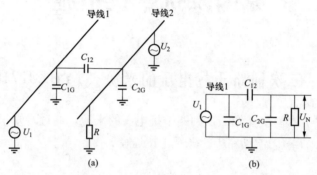

图 TYBZ01718001-1 静电耦合方式举例及其等值电路图

（a）两导线间电容性耦合示意图；（b）等效电路

2. 互感耦合方式

载流导体产生的交变磁场在其附近闭合电路里产生感应电势，称为互感耦合。两导线间的互感耦合方式的的表示方法及等效电路如图 TYBZ01718001-2 所示。这相当于一空心电流互感器，其干扰电压 $U_N=\omega MI$。由该公式可知，当两导线并行距离越长，相距越近，即互感 M 越大时，则干扰电压 U_N 就越大。同时，干扰电压 U_N 与干扰源电流 I（第一根导线中流过的电流）成正比，与干扰源的频率成正比。

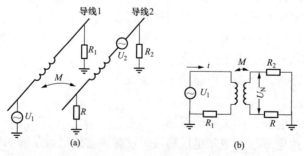

图 TYBZ01718001-2 互感耦合方式及其等值电路图

（a）两导线互感耦合示意图；（b）等效电路

3. 公共阻抗耦合方式

当多个回路电流经一个公共阻抗时，将发生公共阻抗耦合干扰。如图 TYBZ01718001-3 所示。它是以三个回路串联的方式接地，阻抗 Z_1 就成为回路 1、2 和 3 的公共阻抗，阻抗 Z_2 则为回路 2 和 3 的公共阻抗。因此，任何一个回路的地线上有电流流过，都会影响其他回路。这说明，每个回路的接地点 A、B 和 C 都不是真正的零电位点，而是随各个回路的电流大小变化而改变装置的地电位。

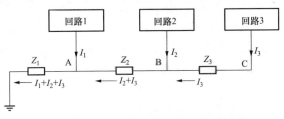

图 TYBZ01718001-3 公共阻抗耦合方式

4. 电磁场辐射耦合方式

当高频电流流过导体时，也会发射电磁波。空间电磁波作用于其他导体，感应出电动势，形成电磁波耦合干扰。装置的输入信号线、外部电源线以及机壳都相当于接受电磁波的天线。

【思考与练习】

1. 变电站内电磁干扰电平与变电站内哪些因素有关？

2. 互感耦合方式的干扰与哪些因素有关？

3. 说明发生公共阻抗耦合干扰的机理。

模块 2 干扰信号的分类（TYBZ01718002）

【模块描述】本模块介绍差模干扰和共模干扰这两种干扰信号。通过定义讲解、要点分析，了解这两种形式的干扰及干扰的耦合途径原理。

【正文】

一、干扰信号的分类

电力系统因雷电侵扰、各类短路故障以及对断路器、隔离开关等设备进行操作产生暂态干扰电压会通过静电耦合、电磁耦合或直接传导等途径进入二次回路装置，这些暂态干扰电压的峰值高达几百伏至几千伏，甚至数万伏，频率在几百千赫兹至几千千赫兹之间。

干扰按频率高低可分为低频干扰与高频干扰。低频干扰包括工频与其谐波以及频率在几千赫兹的振荡。高频干扰有高频振荡、无线电信号，还包括频谱含量丰富的快速瞬变干扰，如雷电冲击波等。

按发源地干扰，可以分为内部干扰与外部干扰。外部干扰是指干扰来自二次回路装置外部，即装置所有的输入输出线、电源线、地线（包括机壳）均会引入干扰。

它主要由其他设备辐射的电磁波而产生的强电场或强磁场，以及来自电源的工频干扰等；内部干扰是指干扰来源于装置内部，它主要有杂散电感和电容的结合引起的不同信号感应，长线传输造成电磁波的反射，多点接地造成的电位差干扰等。

干扰按其信号源组成的等值电路可分为共模干扰和差模干扰两种。

值得注意的是，不同类型的干扰所造成的后果亦不完全相同，例如，通常高频干扰或共模干扰容易损坏装置的元器件；低频干扰或差模干扰常引起装置的不正确动作。

二、共模干扰和差模干扰

1. 共模干扰

共模干扰是发生在回路中一点与接地点之间的干扰。它会引起回路对地电位发生变化，即对地干扰，其信号如图 TYBZ01718002-1（a）所示，其中 U 表示共模干扰电压。共模干扰可为直流，亦可为交流。

2. 差模干扰

差模干扰是指发生在回路两线之间的干扰，它的传递途径与有用信号的传递途径相同，是串联于信号源之中的干扰，其信号如图 TYBZ01718002-1（b）所示，其中 U 表示差模干扰电压。差模干扰的原因可以归结为长线传输的互感、分布电容的相互干扰以及工频干扰等。

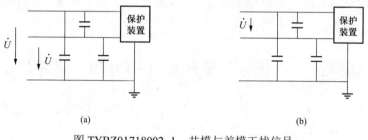

(a)　　　　　　　　　　　　　　(b)

图 TYBZ01718002-1　共模与差模干扰信号

（a）共模干扰；（b）差模干扰

【思考与练习】

1. 什么是共模干扰？什么是差模干扰？产生的原因是什么？

2. 外部干扰主要由哪些途径进入微机保护装置？

3. 共模干扰和差模干扰对二次回路装置所造成的影响有什么特点？

模块 3　二次回路干扰引起的事故分析（TYBZ01718003）

【模块描述】本模块举例介绍二次回路干扰引起的典型事故。通过典型案例分析，熟悉二次回路干扰的危害性。

【正文】

一、事故情况

某年7月8日，某220kV变电站一条220kV线路W相发生雷击故障，线路上两套 REL–551 光纤纵差保护、一套接地距离Ⅰ段、零序方向Ⅰ段均动作，100ms后 W 相断路器跳闸，又经1700ms后 W 相断路器重合成功（有负载电流），再经30ms后无故障三相跳闸，此时，没有保护动作的三相跳闸信号，在 FCX–11C 操作箱内第一组和第二组三相跳闸灯亮，合闸灯亮。

二、事故原因分析

事故后模拟故障，做联动断路器试验，W 相瞬时故障 W 相跳闸，W 相重合成功后立即三相跳闸，FCX–11C 操作箱内两组三相跳闸灯亮，重合闸灯亮，与7月8日故障时情况相同。随即在 FCX–11C 操作箱拔去 KHT 手跳继电器，再模拟 W 相瞬时故障，W 相跳闸，W 相重合成功，一切动作均正常。测量手跳继电器 KHT 动作电压为 120V 正常（直流电源 220V）。用录波试验仪对操作屏内小线进行监测，再次模拟 W 相瞬时故障，由录波图上发现通道 11（起动 KHT 小线）在合闸脉冲消失瞬间有一个正跃变干扰脉冲，该脉冲幅值为 220V，脉宽为 6ms，如图 TYBZ01715003–1 所示。

KHT 是小密封继电器，其动作电压为 $0.6U_e$，动作时间 5ms 左右。当电压为 220V，脉宽为 6ms 的干扰脉冲进入后，足以使 KHT 手跳继电器动作误跳三相。干扰源是 W 相断路器重合闸后，断路器辅助触点切断合闸电流瞬间产生的，合闸线圈中储存的能量通过杂散线间电容 C 形成高频谐振回路，对线间电容 C 充电到高电压，使辅助触点"冒火"，直到触点距离拉大而终止。每次接点"冒火"都会在回路中产生暂态干扰，通过电磁耦合对同一电源系统相近的其他回路产生严重的电磁干扰。

该线路的断路器三相不一致保护在断路器操动机构内形成，其跳闸电缆返回到保护室操作屏 FCX–11C 操作箱内起动 KHT，这根控制电缆很长，且与断路器合闸操作回路在同一根控制电缆内，两线间电容 C 很大，另外在操作屏和 FCX–11C 操作箱内这些小线也是捆扎在一起，在切断合闸电流的瞬间，产生的暂态干扰电压，通过线间电容 C 耦合来的差模和共模干扰，使 KHT 动作，误跳三相。

在模拟试验过程中将操作屏后小线松开逐一检查是否有绝缘损伤，没有发现异常后重新捆扎，此后再做试验，KHT 不再误动。说明各小线间的杂散电容有变化，干扰电源的切入点有改变，KHT 感受到的干扰电压的幅值和脉宽变小而不会起动。

三、改进措施

（1）跳闸、合闸的小密封继电器线圈上不宜接有很长的小线及控制电缆，防止线间电磁干扰而误起动。

（2）手跳继电器不宜用小功率快速动作的继电器，可使用动作时间稍慢且动作能量大的电磁型继电器，提高抗干扰能力。

（3）接到断路器跳闸、合闸的控制电缆应同继电保护跳闸及开放三相跳闸的屏内连线尽量远离布置。

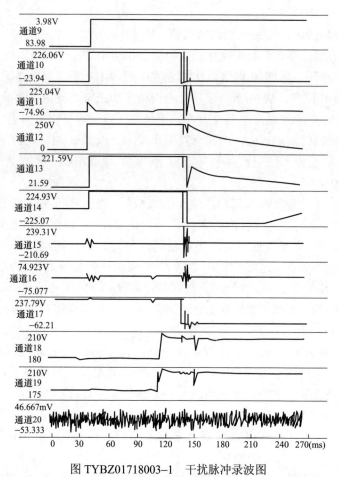

图 TYBZ01718003-1 干扰脉冲录波图

【思考与练习】

1. 试指出本模块的事故中保护及自动装置的错误动作行为。

2. 造成该起事故的主要原因是什么？应采取哪些相应的抗干扰措施？

【**模块描述**】本模块介绍保护装置接地的处理、屏蔽与隔离、滤波与旁路等措施。通过对知识要点的归纳总结，掌握提高二次回路抗干扰能力的措施。

【**正文**】

保护和安全自动装置与外部电磁环境的特定界面接口称为端口，含电源端口、输入端口、输出端口、通信端口、外壳端口和功能接地端口。装置各端口对有关的电磁干扰及其引起的传导干扰、快速瞬变、1MHz 脉冲群、浪涌、静电放电、直流中断和工频干扰等的抗扰度要求，应符合 IEC 60255–26 标准及有关国家标准。

一、屏蔽与隔离

防止干扰进入微机保护装置的屏蔽与隔离对策主要包括以下几个方面。

（1）保护的输入、输出回路应使用空触点、光耦或隔离变压器隔离。

1）模拟量输入。模入量可分成两种，一种是交流电压和电流，它们通过小变压（流）器隔离，并在一、二次绕组间加装屏蔽层接机壳；另一种是直流电量，可用光电隔离，或者通过逆变–整流环节实现交流隔离。

2）开关量输入。开关量是指其他设备的触点信号。对输入的开关量也应采用光电隔离，如图 TYBZ01718004–1 所示。

3）开关量输出。包括跳闸出口、中央信号等触点输出。虽然继电器本身已有隔离作用，但最好在继电器驱动电源与微机电源之间不要有电的联系，以防止线圈电感回路切换产生干扰影响微机工作。信息传递则采用光电耦合，如图 TYBZ01718004–2 所示。

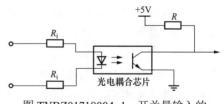

图 TYBZ01718004–1　开关量输入的光电隔离原理图

4）数字量输出。如打印机接口，也应采用光电隔离。

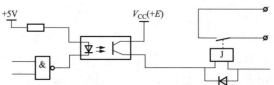

图 TYBZ01718004–2　开关量输出的光电隔离原理图

采取了 3）、4）两项光电隔离措施后，功率地和数字地也就自然分开了。

（2）直流电压在 110V 及以上的中间继电器应在线圈端子上并联串有电阻的反向二极管作为消弧回路，二极管反向击穿电压不宜低于 1000V。

二、滤波、退耦与旁路

抑制差模干扰的主要措施是采用滤波和退耦电路。交、直流信号输入通道两个端子之间应装上一定容量的退耦电容，为高频差模干扰信号提供旁路。

抑制共模干扰的措施要从输入端子开始，采取在所有端子与大地（机壳）之间并接大电容的旁路电容，各个引入线进屏后先经过抗干扰电容再引至微机保护装置。

实际电源是一个内阻抗不等于零的电压源，因此通过电源内阻将造成各元件和组件间的耦合，形成干扰源，有时甚至造成低频振荡。解决的方法一般是对每个电路或每个组件采用退耦电路供电。除在公用电源端并联大容量电解电容外，还要并联一定容量的高频电容，以进一步减小电源的交联公共阻抗。

三、合理地分配和布置插件

接地、屏蔽和隔离措施并不能完全阻断干扰的窜入，为进一步减小干扰影响，可以合理地将整个电路分成若干个插件，将微机保护最怕干扰的部分，如 CPU 芯片 ROM、RAM、A/D 转换器及有关的地址译码电路集中在一个或几个插件上，放置在内层屏蔽箱内，并使之尽量远离干扰源和与干扰源有联系的部分，如电源、出口继电器、输入隔离变换器、打印机等。

四、装置的接地

1. 装置外壳的接地

（1）装设静态保护和控制装置的柜柜地面下宜用截面不小于 $100mm^2$ 的接地铜排直接连接构成等电位接地母线。接地母线应首末可靠连接成环网，并用截面不小于 $50mm^2$、不少于 4 根铜排与厂、站的接地网直接连接。

（2）静态保护和控制装置柜的柜下部应设有截面不小于 $100mm^2$ 的接地铜排。柜柜上装置的接地端子应用截面不小于 $4mm^2$ 的多股铜线和接地铜排相连。接地铜排应用截面不小于 $50mm^2$ 的铜排与地面下的等电位接地母线相连。

2. 装置内部的各种地

微机保护装置内部，有以下几种地线：

（1）数字地（逻辑地）：指数字器件的零电位点。

（2）模拟地：主要指采样保持器、多路转换开关及 A/D 转换器前置放大器或比较器的零电位，在 A/D 转换器芯片上通常标出了模拟地和数字地。

（3）功率地：指大电流部件的零电位，如打印机电磁铁。

（4）直流电源地：指保护装置的内电源的零电位，工作电源一般有多组，各自零电位与相应的工作部件零电位相连。

（5）屏蔽地：指内部小变流器（LH）、变压器（YH）原副边线圈之间的屏蔽层，逆变电源变压器屏蔽层及金属机壳等，应与大地相连。

微机保护装置的核心是数字部件，通常由多个插件板组成，各种插板之间遵循一点接地的原则，其接法如图 TYBZ01718004–3 所示。

因数字地上电平的跳跃会造成很大的尖峰干扰，为不降低 A/D 转换器在处理微弱电压（<50mV）时的精度，应保证模拟地与数字地之间只能一点相连，如图 TYBZ01718004–4 所示。接线应尽量短，最好是在 A/D 转换器的模拟地引脚间直接相连。

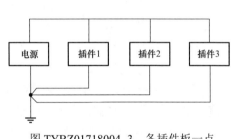

图 TYBZ01718004–3　各插件板一点
接地示意图

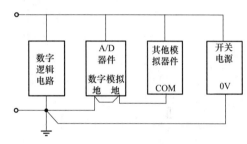

图 TYBZ01718004–4　模拟地与数字地一点
接地示意图

功率地最好完全独立。由一组单独电源对大电流器件和冲击电流器件以及电感器件供电。信号的传递采用光电耦合。

为了有效地抑制共模干扰；装置内部的零电位应全部悬浮，即不与机壳相连，并且尽量提高零电位线与机壳之间的绝缘强度和减少分布电容。为此，应将印制板周围都用零线或+5V 电源线封闭起来，以减少板上其他部分与机壳间的直接耦合。这样，当共模干扰侵入时，系统各点对机壳电位随电源线一起浮动，而它们相互电位不变。

五、二次回路电缆的敷设以及屏蔽层接地

（1）电缆及导线的布线应符合下列要求。

1）交流和直流回路不应合用同一根电缆。防止交直流间的相互干扰。

2）强电和弱电回路不应合用一根电缆。屏内连线不捆扎在一起，防止强电回路对弱电回路的干扰。

3）保护用电缆与电力电缆不应同层敷设。

4）交流电流和交流电压不应合用同一根电缆。双重化配置的保护设备不应合用同一根电缆。

5）保护用电缆敷设路径，尽可能避开高压母线及高频暂态电流的入地点，如避雷器和避雷针的接地点、并联电容器、电容式电压互感器。结合电容及电容式套管等设备。

6）与保护连接的同一回路应在同一根电缆中走线。

（2）控制电缆应具有必要的屏蔽措施并妥善接地：

1）在电缆敷设时，应充分利用自然屏蔽物的屏蔽作用。必要时，可与保护用电缆平行设置专用屏蔽线。

2）屏蔽电缆的屏蔽层应在开关场和控制室内两端接地。在控制室内屏蔽层宜在保护屏上接于屏柜内的接地铜排；在开关场屏层应在与高压设备有一定距离的端子箱接地。互感器每相二次回路经两芯屏蔽电缆从高压箱体引至端子箱，该电缆屏蔽层在高压箱体和端子箱两端接地。

3）对用于微机保护电压、电流和信号接点的引入线，应采用屏蔽电缆，屏蔽层在开关站与控制室同时接地，不允许用电缆芯两端同时接地的方法作为抗干扰措施。利用电缆的屏蔽作用减缓电磁干扰，在控制室内电缆屏蔽层宜在保护柜上接于柜柜内的接地铜排；在开关场电缆屏蔽层应在与高压设备有一定距离的端子箱接地。互感器每相二次回路经屏蔽电缆从高压箱体引至端子箱，该电缆屏蔽层在高压箱体和端子箱两端接地。对于双层屏蔽电缆，内屏蔽应一端接地，外屏蔽应两端接地；电缆屏蔽层最好不要接在保护柜（柜）上的接地铜排上。

4）电力线载波用同轴电缆应在两端分别接地，并紧靠高频同轴电缆敷设截面不小于 $100mm^2$ 的铜排。

5）传送音频信号应采用屏蔽双绞线，其屏蔽层在两端接地；传送数字信号的保护与通信设备间的距离大于 50m 时，应采用光缆；传送低频、低电平模拟信号的电缆，其屏蔽层必须在最不平衡端或电路本身接地处一点接地。对于双层屏蔽电缆，内屏蔽应一端接地，外屏蔽应两端接地。

6）柜内的交流供电电源（照明、打印机和调制解调器）的中性线（零线）不应接入柜内等电位接地网。

【思考与练习】

1. 微机保护装置内部有哪几种接地？各有什么含义？

2. 微机保护装置的模拟地和数字地的接地点是如何连接的？为什么？

3. 绘图说明开关量输入/输出的光电隔离的工作原理。

4. 抗干扰的措施有哪些？

参 考 文 献

［1］王国光. 变电站综合自动化系统二次回路及运行维护. 北京：中国电力出版社，2005.

［2］阎晓霞，苏小林编. 变配电所二次系统. 北京：中国电力出版社，2004.

［3］姚春球编. 发电厂电气部分. 北京：中国电力出版社，2007.

［4］何永华主编. 发电厂及变电站的二次回路. 北京：中国电力出版社，2007.

［5］国家电力调度通信中心. 电力系统继电保护实用技术问答. 第二版. 北京：中国电力出版社，
2000.

［6］国家电力调度通信中心. 电力系统继电保护典型故障分析. 北京：中国电力出版社，2001.